气象观测质量管理体系建设丛书

内蒙古自治区气象局综合气象观测质量管理体系建设与实践

郭海平　康　利等　编著

气象出版社
China Meteorological Press

内容简介

本书全面系统地介绍了内蒙古自治区气象局气象观测质量管理体系建设与实施的相关内容。全书共分4章:第1章主要为体系建设过程的总结,包括内蒙古自治区气象局综合气象观测业务的简介,体系建设的目标、原则、意义,体系架构,前期体系建设的工作任务、推进机制,体系实施与运行的情况,体系建成后的成效,体系建设思考等;第2章为内蒙古自治区气象局气象观测质量管理体系手册,对全区体系建设做了总体概括描述,内容包括全区气象观测质量管理体系的方针和目标,质量管理的范围、与观测业务及观测质量相关的组织结构、职责和权限等;第3章是内蒙古自治区气象局气象观测质量管理体系工作程序;第4章为内蒙古自治区气象局气象观测质量管理体系作业指导文件。附录所列内容均为开展气象观测业务工作可能涉及的规范性文件,包括气象行业内外的法律法规、标准规范、要求或规定等。

图书在版编目(CIP)数据

内蒙古自治区气象局综合气象观测质量管理体系建设与实践 / 郭海平等编著. — 北京 : 气象出版社, 2021.3

ISBN 978-7-5029-7397-1

Ⅰ.①内… Ⅱ.①郭… Ⅲ.①气象观测-业务管理-质量管理体系-体系建设-内蒙古 Ⅳ.①P41

中国版本图书馆 CIP 数据核字(2021)第 040225 号

内蒙古自治区气象局综合气象观测质量管理体系建设与实践

Neimenggu Zizhiqu Qixiangju Zonghe Qixiang Guance Zhiliang Guanli Tixi Jianshe yu Shijian

---

出版发行: 气象出版社

地　　址: 北京市海淀区中关村南大街46号　　**邮政编码:** 100081

电　　话: 010-68407112(总编室)　010-68408042(发行部)

网　　址: http://www.qxcbs.com　　**E-mail:** qxcbs@cma.gov.cn

责任编辑: 郑乐乡　　**终　　审:** 吴晓鹏

责任校对: 张硕杰　　**责任技编:** 赵相宁

封面设计: 壹图设计

印　　刷: 北京建宏印刷有限公司

开　　本: 787 mm×1092 mm　1/16　　**印　　张:** 11.75

字　　数: 300千字

版　　次: 2021年3月第1版　　**印　　次:** 2021年3月第1次印刷

定　　价: 60.00元

本书编委会

主　任：党志成

副主任：杨志捷　邢金熠

编　委：李　毅　杨耀芳　刘俊林　马瑞芳　李春筱　卢　华
康　利　陈亚军　李永利　李兴华

本书编写组

主　编：郭海平　康　利

副主编：张　立　重　阳　李　磊

撰稿人（按姓氏拼音音序排列）：

安学武　包伟智　岑　瑶　陈　杰　陈利华　陈晓梅
池继忠　崔玉阳　杜　宇　段心灵　范志力　弓宇恒
韩　绯　韩仲强　何建业　何学敏　何宇良　红　英
李　博　李林蔚　李晟昊　李晓亮　李　雁　蔺汝罡
刘　健　刘　辉　马修才　彭少杰　萨日娜　斯琴图雅
宋玉红　田晓龙　王家乐　王利亚　王庆有　王晓东
王志伟　温建伟　温晓辉　肖振中　闫　平　杨明华
叶　飞　于明洋　于溥天　云　艳　张彩云　张德龙
张凯霞　张　翔　张新禹　张　阳　张玉军　赵建凯
赵晓杰　郑树芳

前　言

内蒙古自治区气象局受中国气象局和内蒙古自治区人民政府双重领导，以中国气象局为主的领导管理体制。主要开展自治区精细化天气预报、重大灾害性天气监测、气象防灾减灾与科研等工作。近年来，内蒙古自治区气象局着力提升服务国家战略能力与服务内蒙古经济社会发展能力，着力落实气象改革发展重大任务，积极推进内蒙古气象业务现代化建设。如今，内蒙古自治区气象局各项改革工作正逐步深化，途中也遇到了不少困难与挑战。

在中国气象局统一部署与领导下，开展内蒙古自治区气象局气象观测质量管理体系建设工作，是深入贯彻国家“质量强国”战略与落实《综合气象观测业务发展规划(2016—2020年)》专项行动的重要举措。内蒙古自治区气象局通过深入梳理、审查、分析与改进气象观测业务，从综合气象观测业务工作的薄弱环节和工作难点上找突破，力求解决观测业务管理工作的难点。经过一年多的不断摸索、实践与检验，全区气象观测业务工作运用质量管理体系基于过程的方法与“PDCA”(策划—执行—实施—改进)的理念，各项气象观测工作都处于比较严格的受控状态。各类行政文件、体系文件和技术性文件都受到了有效管理，均按照文件控制程序的要求执行。各相关部门(单位)都建立了受控文件清单、记录清单等，合理运用管理机制和记录表单进行工作的管控，方便了日常的管理工作。通过内部审核、管理评审、业务工作检查等方式，运用数据质量分析等科学手段，对全区气象观测质量管理体系的适宜性、充分性、有效性进行评价，力求不断改进工作，促进全区气象观测业务管理水平的不断提高，确保预期的质量方针、目标的实现。

通过在观测业务开展质量管理体系建设，有效促进了自治区气象局气象观测工作的规范化管理，提高了工作效率。同时，进一步明确了管理者职责，各项内部事务工作都制定了文件化的工作程序，各部门(单位)、各岗位都有明确的工作程序和工作质量要求，使观测业务相关工作人员掌握质量管理体系的相关内容，知道自己该做什么、如何做和做得怎么样、如何自我评估和自我控制。全体观测业务相关人员基本都能按规定的要求去做，形成一个全面控制、高效运转的气象观测质量管理体系，克服了以往那种凭经验管理的不规范做法，解决了基础管理弱化、内部协调不畅等问题，使全区气象观测业务管理工作进一步符合科学、系统、规范化要求。

内蒙古自治区气象局综合观测质量管理体系的建设是实现从观测技术引进、观测系统建设现代化与观测站网评估现代化提升至观测业务管理现代化的良好开端，是实现管理体系现代化建设的积极尝试，为今后其他相关领域质量管理体系的建设与推广提供经验。目前，体系运行过程仍需持续不断的验证与改进，进而持续提升综合气象观测管理质量与观测数据质量，更好地满足现代化预报、科研与服务的新需求。

根据中华人民共和国国家标准 GB/T 19001—2016《质量管理体系 要求》、世界气象组织

(WMO)《国家气象和水文部门实施质量管理体系指南》2017年版、中国气象局下发的相关业务规范、通知、技术标准文件以及中国气象局气象探测中心编制下发的体系文件模板等，内蒙古自治区气象局结合本局气象观测业务工作实际情况，编制了内蒙古自治区气象局气象观测质量管理体系文件，其中包括质量手册、程序文件、作业指导文件以及工作记录表单，作为本局观测业务质量管理工作的标准化、规范化文件，同时也是内蒙古自治区气象局开展气象观测业务工作与质量管理活动的重要依据。

本书共分4章，由郭海平、康利组织编写。第1章、第2章由郭海平编写；第3章3.1节至3.22节由康利、李磊、蔺汝罡、李晨昊等主要编写，陈杰、陈利华、陈晓梅、崔玉阳、杜宇、段心灵、范志力、韩绯、李晓亮、萨日娜、斯琴图雅、宋玉红、杨明华、于明洋等参与编写；第3章3.23节至3.30节由郭海平、李磊、重阳、安学武、弓宇恒、郑树芳、陈利华、杨明华、赵建凯、叶飞、温晓辉、马修才等主要编写，包伟智、陈杰、崔玉阳、何宇良、彭少杰、王庆有、王志伟、闫平等参与编写；第3章3.31节至3.36节由张立、杜宇、张翔、张彩云、于溥天等主要编写，池继忠、范志力、韩仲强、萨日娜、斯琴图雅、田晓龙、王家乐、王晓东、肖振中、于明洋、张德龙等参与编写；第4章由郭海平、张立、李磊、陈利华、杨明华、赵建凯、叶飞、温晓辉、马修才、杜宇、张翔、张彩云、于溥天等主要编写，安学武、包伟智、陈杰、陈晓梅、池继忠、崔玉阳、段心灵、范志力、弓宇恒、韩绯、韩仲强、何宇良、李晟昊、李晓亮、蔺汝罡、刘健、彭少杰、萨日娜、斯琴图雅、宋玉红、田晓龙、王家乐、王利亚、王庆有、王晓东、王志伟、肖振中、于明洋、张德龙、赵晓杰、郑树芳、张玉军、张阳等参与编写。

内蒙古自治区气象局气象观测质量管理体系建设过程中，中国气象局气象探测中心给予了指导，内蒙古自治区气象局各级管理层给予支持，立足业务共同推动观测业务改革、发展。本书为内蒙古自治区气象局综合气象观测业务实施质量管理体系的阶段性成果，如有不当之处，欢迎批评指正。

本书编者

2020年于呼和浩特

目　录

第1章　内蒙古自治区气象局气象观测质量管理体系建设

1.1　内蒙古自治区气象局综合气象观测业务简介

内蒙古自治区气象局是受中国气象局和内蒙古自治区人民政府双重领导，以中国气象局管理为主的基础性、科技型社会公益事业单位，承担着国家气象事业和地方气象事业发展管理职能。

内蒙古自治区气象局气象观测业务的主要职责是：

(1)制定地方气象事业发展规划、计划，并负责本行政区域内气象事业发展规划、计划及气象业务建设的组织实施；负责本行政区域内重要气象探测设施建设项目的审查；对本行政区域内的气象活动进行指导、监督和行业管理。

(2)按照职责权限审批气象观测站调整计划；组织管理本行政区域内气象观测资料的汇总、分发；依法保护气象探测环境；管理本行政区域内气象标准化工作和涉外气象活动。

(3)在本行政区域内组织对重大灾害性天气跨地区、跨部门的联合监测、预报工作，及时提出气象灾害防御措施，并对重大气象灾害做出评估，为本级人民政府组织防御气象灾害提供决策依据；管理本行政区域内公共气象服务工作；管理本行政区域内公众气象预报、灾害性天气警报以及农业气象预报、城市环境气象预报、火险气象等级预报等专业气象预报的发布。

(4)组织开展气象法制宣传教育，负责监督有关气象法规的实施，对违反《中华人民共和国气象法》有关规定的行为依法进行处罚，承担有关行政复议和行政诉讼。

(5)统一领导和管理本行政区域内气象部门的计划财务、机构编制、人事劳动、科研和培训以及业务建设等工作；会同盟(市)级人民政府对所辖气象机构实施以部门为主的双重管理。

内蒙古自治区气象局下设10个内设机构，其中与气象观测业务有关的有：办公室、观测与网络处、科技与预报处、计划财务处、人事处、政策法规处；下设9个直属事业单位，其中与气象观测业务有关的直属单位有：气象台、大气探测技术保障中心、干部培训学院、气象信息中心。下设12个盟(市)气象局，2个计划单列市气象局，86个旗(县、市、区)气象局，35个独立气象站。承担国家地面气象观测任务的站有119个，其中国家基准气候站21个、国家基本气象站29个、气象观测站69个。截至2018年底，全区气象部门职工3211人。其中，国家编制人员2998人，地方编制人员31人，编制外182人。博士研究生学历24人，占比0.8%；硕士研究生学历464人，占比15.5%；本科学历1954人，占比65.2%；大学专科学历402人，占比13.4%；中专及以下学历154人，占比5.1%。具有正研级职称者30人，占比1.0%；副研级职称者464

人，占比 15.5%；中级职称者 1284 人，占比 42.8%；中级职称以下人员 1220 人，占比 40.7%。

截至 2019 年 3 月底，全区各类观测站数量如表 1.1 所示。

表 1.1　内蒙古自治区气象观测站数量

观测层	类别	通用站名		数量
地面	1. 综合观测站	1. 国家气候观象台		2
	2. 观测站	2. 国家基准气候站		20
		3. 国家基本气象站		28
		4.（常规）气象观测站	国家级	658
			自治区级	1576
		5. 应用气象观测站（农业）	国家级	29
			自治区级	119
	3. 观测试验基地	6. 综合气象观测（科学）试验基地（国家级）		1
		7. 综合气象观测专项试验外场（国家级）		6
高空	4. 观测站	8. 高空气象观测站（国家级）		12
		9. 国家天气雷达站（国家级）		9

1.2　体系建设目标

按照 ISO 9001 国际质量管理体系标准《质量管理体系要求》(GB/T 19001—2016/ISO 9001:2015)和世界气象组织(WMO)《国家气象和水文部门实施质量管理体系指南》的基本要求，结合中国气象局要求和内蒙古自治区气象观测工作实际，以用户需求为导向，以过程方法为抓手，以切实提高观测数据质量为主线，运用质量管理体系标准原理和方法，最终构建起持续改进、自我完善、科学卓越的气象观测质量管理体系，确保全区综合气象观测业务及时、准确、可靠、高效运行，为预报服务、防灾减灾和应对气候变化等工作提供高质量观测数据和产品。

1.2.1　建立标准化管理模式

导入国际先进的标准化管理模式，从战略高度对内蒙古自治区气象观测领域管理体系进行全面梳理和优化，改善管理体系的整体有效性。

1.2.2　优化完善关键环节

优化或重点改善部分管理系统薄弱环节，促进内蒙古自治区气象观测业务流程管理的合理化、规范化。通过过程优化，健全和完善职责明确、协调有序、标准统一、行为规范、监督有效的气象观测工作机制，不断提升各项工作的效率和有效性。

1.2.3　提高管理队伍素质

通过培训和参与体系建设过程，提升相关人员的过程管理意识和管理能力，逐渐培养出一支既懂业务，又精于管理的优秀团队，并促进全员形成标准化、法制化管理意识。

1.2.4　增强持续优化改进能力

导入内部监督评审机制，推进自治区气象观测业务质量管理体系自我改善机制的有效运行，按照“策划—实施—检查—改进”(Plan－Do－Check－Action，PDCA)的管理模式要求形成业务闭环，提高气象观测系统持续改进优化能力。

1.2.5　开展 ISO 9001 体系认证

通过开展第三方认证机构的评估认证，促进并推动自治区气象观测领域管理系统科学化、现代化。

1.2.6　提升数据质量和可用性

通过建立并严格执行气象观测质量管理体系，使得自治区气象观测数据从获取到应用全过程可追溯，便于查找和解决造成质量问题的原因。同时，通过用户反馈机制，滚动修订并完善数据需求指标，保障并增强数据可用性。

1.3　体系建设原则

1.3.1　立足现状，有机融合

建设气象观测质量管理体系是通过对现有业务流程进行全面梳理和诊断，以现有业务的规章、制度、标准为基础来整合和编制体系文件。重点优化或改善管理体系薄弱环节及相应规章制度，促进业务流程管理合理化、规范化。避免管理体系与现有业务标准、规范、规章制度形成"两张皮"现象。确保实现综合气象观测业务高效、可靠、稳定运行的管理目标。

1.3.2　结合实际，创新应用

建设气象观测质量管理体系应结合自治区气象观测业务实际和未来发展需求，通过创新手段和方法，并且灵活应用质量管理体系的原理和方法，继而科学合理编制体系文件，加强气象观测质量管理体系的可操作性和针对性。

1.3.3　统筹规划，持续运行

建设气象观测质量管理体系的核心是以深化供给侧改革、提高供给侧质量为出发点，通过持续改进形成逐步完善的气象观测质量管理业务，开展长期运行并发挥科学管理的作用。

1.3.4　全员参与，开放合作

建设气象观测质量管理体系涉及面广、人员多，为保证质量管理体系整体的有效性，各层级相关人员须全员参与、行动一致，上下联动、左右配合。体系建设过程中还需充分借助外部专业培训指导机构力量，使专业管理知识与气象观测特点相结合，保证体系的适用性、专业性和科学性。

1.4　气象观测质量管理体系建设的意义

(1)进入新时代，中国正处在由高速增长阶段向高质量发展阶段转变的新起点，中国气象事业也进入高质量发展阶段，尤其是气象观测方面的提质增效将有力支撑气象现代化的实现。中共中央和国务院自 2017 年以来先后出台《关于开展质量提升行动的指导意见》《国务院关于加强质量认证体系建设促进全面质量管理的意见》等指导意见，明确提出要"大力推广质量管理先进标准和方法""推进全面质量管理""加强全面质量监督""着力打造中国质量品牌""实施质量强国战略"。在高质量发展的要求下，中国气象局全面落实中央精神，努力打造具有中国特色的气象观测质量管理体系，为气象部门预报、服务等领域实现质量管理体系全覆盖，进行了卓有成效的探索。

(2)对接世界气象组织(WMO)质量管理工作,增强中国在WMO气象观测服务方面的话语权。WMO明确指出质量管理体系建设将作为WMO各技术委员会工作的基本组成部分。在世界气象组织仪器和观测方法委员会(CIMO)第17次届会及世界气象组织全球综合观测系统(WIGOS)国际研讨会上,中国气象局做了题为"Meteorological Observation Quality Management System in CMA"的主题报告,中国气象观测领域ISO 9001质量管理体系的架构设计、体系建设进展及后续对接世界气象组织质量管理框架(WMO—QMF)的相关计划,得到WMO成员国和秘书处的认可,进而增强中国在WMO的话语权。截至2015年,WMO的192个成员中有117个国家引入ISO质量管理体系,中国气象局尽管有多名技术带头人参与WMO的CIMO、CBS、JCOMM、CAS等多个委员会,由于中国气象局前期未开展ISO 9001国际认证,造成CaGM、CaEM等委员会以及WMO的多项科学计划仍无中国人参与。同时,为中国气象部门加强与澳大利亚、德国、加拿大等开展质量管理体系建设领先的国家进行交流与合作提供了可能。

(3)中国气象观测质量管理工作长期以来存在如下几方面问题:现有的部分管理制度、规范和标准缺乏系统性;观测业务缺乏从需求出发的顶层设计和全流程规范管理体系,关键节点缺乏风险控制,未形成风险评估持续改进的保障机制;对用户需求的调研、分析和反馈不足,缺乏系统化的用户反馈管理机制;缺乏持续从事质量管理的专业队伍。中国气象局在气象观测领域推进质量管理体系建设,旨在全面提升气象观测的管理水平、技术水平、服务水平和工作效率,完善业务流程、技术规范和标准,加强监督管理,提高观测系统持续改进优化能力,推动管理系统科学化、国际化、现代化,从而保障并逐渐提高观测数据质量,最终增强对气象预报、预警和气候变化研究的基础性支撑。发挥以下几个方面的作用:

1)实现观测领域全过程管理

通过导入国际先进的ISO 9001标准化管理模式,完成国、省、市、县气象观测工作全流程梳理,建立基于过程管理的质量工作方法,打破部门壁垒和条块分割,打通跨部门横向流程,实现跨组织、跨部门、跨岗位业务的高效流转,在一定程度上优化业务流转环节,提高工作效率。围绕气象装备质量管理和数据质量管理两大核心业务进行流程梳理、优化(包括新增、修改、删减等)。

2)引入PDCA循环管理模式,完善现有管理体制

根据ISO 9001质量管理体系要求,在工作中形成PDCA监督改进机制,建立不断发现问题、解决问题的机制并循环运行,实现多维度的自主管理和持续改进,形成整体工作螺旋式上升的良好趋势。

3)探索基于风险思维的管理新模式

对观测工作及相关管理活动从多维度进行全面评估,重点关注职责分工、流程接口、全面性、适用性、可操作性、规范性等维度,梳理可能出现的风险点(或称为风险工作项),逐一分析,提出并审定切实可行的解决方案,进而有序加以改进,达到防患于未然的目的。同时,共同讨论、分析出工作中存在的优势和存在的不足,这种优势可能是暂时的也可能是持续的。如何将优势"为我所用"?同样需要加以识别、分析、制定措施、有效的实施、实施效果的分析、对实施效果加以评价、制定进一步改进措施。如此循环往复,将PDCA管理理念渗入其中,探索建立符合ISO 9001:2015要求的有责(职责)、有序(秩序)、高效(效率)的标准化管理新模式。

4)引入第三方监督机制,开展客观的运行评价,为管理决策提供依据

通过行政强制要求，在先期开展的体系建设中，要求建设单位引入具有资质的第三方认证机构进行认证审核，使得建设效果更有保证，同时获得更加客观的运行评价和更加科学的改进建议。

1.5　体系架构

应用国际标准化组织 PDCA 循环和基于风险的理念，按照中国气象局气象观测质量管理体系（QMS-O-CMA）框架，结合内蒙古自治区气象观测业务实际情况，拟构建由业务过程、支撑过程和管理过程三大过程组成的内蒙古自治区气象局气象观测质量管理体系架构，即“3-2-2”体系架构。其中业务过程包括“技术发展质量管理”“装备业务质量管理”和“数据业务质量管理”3 个一级过程项；支撑过程包括“标准规范控制”和“业务准入控制”2 个一级过程项；管理过程包括“体系规划、建设、保持与运行”和“评估与分析改进”2 个一级过程项。内蒙古自治区气象观测质量管理体系过程架构如图 1.1 所示。

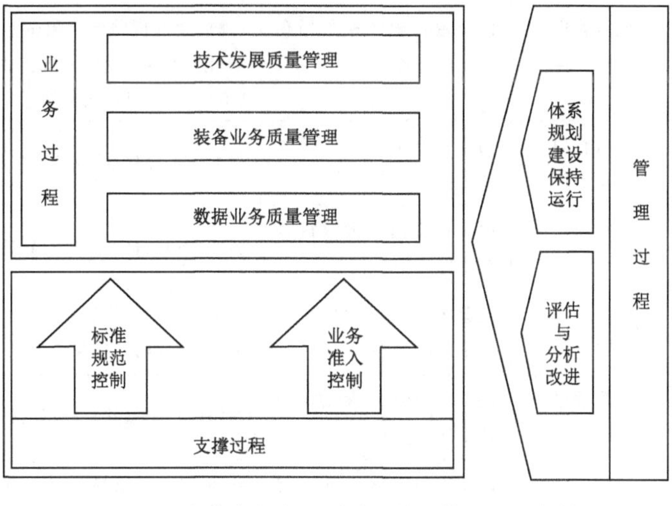

图 1.1　内蒙古气象观测质量管理体系过程架构

业务过程的“3”和支撑过程的“2”互相交织，呈现“三横两纵”矩阵分布，管理过程携领业务过程和支撑过程。

1.5.1　业务过程

业务过程是根本，包括技术发展质量管理、装备业务质量管理和数据业务质量管理 3 个一级业务过程，以“Y”作为标识，内蒙古自治区气象观测质量管理体系业务过程清单如表 1.2 所示。

表 1.2 内蒙古气象观测质量管理体系业务过程清单

过程	过程名称		主责部门	相关部门	备注
	一级过程	二级过程			
业务过程（Y）	技术发展质量管理（Y01）	观测业务建设（Y01－01）	内蒙古自治区气象局观测与网络处	内蒙古自治区大气探测技术保障中心、内蒙古自治区气象信息中心、内蒙古自治区气象台天气雷达站，各盟（市）、旗（县）气象局（站）	
		对比观测与评估（Y01－02）	内蒙古自治区气象局观测与网络处	内蒙古自治区大气探测技术保障中心、内蒙古自治区气象信息中心、内蒙古自治区气象台天气雷达站，各盟（市）、旗（县）气象局（站）	
		观测业务科研（Y01－03）	内蒙古自治区气象局科技与预报处、内蒙古自治区气象局观测与网络处	内蒙古自治区大气探测技术保障中心、内蒙古自治区气象信息中心、内蒙古自治区气象台天气雷达站，各盟（市）、旗（县、区）气象局	
		站网管理（Y01－04）	内蒙古自治区气象局观测与网络处	内蒙古自治区大气探测技术保障中心、内蒙古自治区气象信息中心、内蒙古自治区气象台天气雷达站，各盟（市）、旗（县、区）气象局	元数据管理、探测环境保护包含在其中
	装备业务质量管理（Y02）	装备管理（Y02－01）	内蒙古自治区大气探测技术保障中心	各盟（市）、旗（县）气象局（站）	储备供应包含其中
		运行监控（Y02－02）	内蒙古自治区大气探测技术保障中心	各盟（市）、旗（县）气象局（站）	
		维护维修（Y02－03）	内蒙古自治区大气探测技术保障中心	内蒙古自治区气象台天气雷达站，各盟（市）、旗（县）气象局（站）	
		计量检定（Y02－04）	内蒙古自治区大气探测技术保障中心	各盟（市）、旗（县）气象局（站）	
		标定与定标（Y02－05）	内蒙古自治区大气探测技术保障中心	各盟（市）气象局、各旗（县）气象局（站）、内蒙古自治区气象台天气雷达站	
	数据业务质量管理（Y03）	数据采集（Y03－01）	内蒙古自治区气象信息中心、内蒙古自治区大气探测技术保障中心	各盟（市）气象局、各旗（县）气象局（站）、内蒙古自治区气象台天气雷达站	
		数据传输（Y03－02）	内蒙古自治区气象信息中心	各盟（市）气象局、各（旗）县气象局（站）、内蒙古自治区气象台天气雷达站	
		质量控制（Y03－03）	内蒙古自治区气象信息中心	各盟（市）气象局、各旗（县）气象局（站）	
		数据存储（Y03－04）	内蒙古自治区气象信息中心	各旗（县）气象局（站）	
		产品和服务（Y03－05）	内蒙古自治区气象局观测与网络处	内蒙古自治区气象信息中心、各盟（市）气象局、各旗（县）气象局（站）	

1.5.2　支撑过程

支撑过程为业务过程提供必要的标准规范控制和业务准入控制等软性支撑，以“Z”作为标识，内蒙古气象观测质量管理体系支撑过程清单见表1.3。

表1.3　内蒙古气象观测质量管理体系支撑过程清单

过程	一级过程	主责部门	相关部门
支撑过程(Z)	标准规范控制(Z01)	内蒙古自治区气象局观测与网络处、内蒙古自治区气象局政策法规处	内蒙古自治区大气探测技术保障中心、内蒙古自治区气象信息中心、各盟(市)气象局、各旗(县)气象局(站)、内蒙古自治区气象台天气雷达站
	业务准入控制(Z02)	内蒙古自治区气象局观测与网络处	内蒙古自治区大气探测技术保障中心、内蒙古自治区气象信息中心、各盟(市)气象局、各旗(县)气象局(站)、内蒙古自治区气象台天气雷达站

1.5.3　管理过程

管理过程统领业务过程和支撑过程，分别为体系规划、建设、保持与运行，以及评估与分析改进2个一级过程，以“G”作为标识。内蒙古气象观测质量管理体系管理过程清单见表1.4。

表1.4 内蒙古气象观测质量管理体系管理过程清单

过程	一级过程	二级过程	主责部门	备注
管理过程(G)	体系规划、建设、保持与运行(G01)	体系总体规划	内蒙古自治区气象局观测与网络处	
		风险和机遇识别	内蒙古自治区气象局观测与网络处	
		组织知识管理	内蒙古自治区气象局观测与网络处	
		质量目标指标分解及考核	内蒙古自治区气象局观测与网络处	
		沟通管理控制	内蒙古自治区气象局观测与网络处	
	评估与分析改进(G02)	文件和记录管理	内蒙古自治区气象局观测与网络处、内蒙古自治区气象局政策法规处	
		人力资源管理	内蒙古自治区气象局人事处	
		外部供方管理控制	内蒙古自治区气象局计划与财务处	
		不合格工作控制	内蒙古自治区气象局观测与网络处	
		纠正和预防措施控制	内蒙古自治区气象局观测与网络处	
		内审管理控制	内蒙古自治区气象局观测与网络处	
		管理评审控制	内蒙古自治区气象局观测与网络处	
		用户反馈及满意管理控制	内蒙古自治区气象局观测与网络处	
		考核评估	内蒙古自治区气象局观测与网络处	质量监督考核包含在其中
		质量改进控制	内蒙古自治区气象局观测与网络处	

1.5.4　体系文件框架

根据《中国气象局气象观测质量管理体系(QMS-O-CMA)总体框架》，内蒙古自治区气象局气象观测质量管理体系文件架构拟分为四级，分别为质量手册、程序文件、工作指导文件(即

作业指导书）和工作记录四级文件

其中，质量手册全区编制一册，内附程序文件清单；程序文件全区编制一套，按照业务过程、支撑过程和管理过程分别编写程序文件，明确自治区、盟（市）、旗（县）职责分工、业务流程及各级间的业务接口，内附工作指导文件清单；工作指导文件（即作业指导书），需自治区级观测业务相关单位、盟（市）级观测业务相关单位和旗（县）局（及以下站）结合自身业务实际和岗位分工情况分别编制。编写时应与相关单位做好接口对接，最终工作指导文件应具有很强的工作指导性和可操作性；工作记录，是开展各项工作后形成的实时记录，是实施质量管理体系各过程形成的阶段性成果，是重要的实施结果或效果的证明材料。工作记录可以是固定表格形成的，也可以是文本文件；可以是纸质的，也可以电子记录。

1.5.5 国、省业务接口

按照《中国气象局气象观测质量管理体系（QMS-O-CMA）总体框架》要求，内蒙古自治区气象局气象观测质量管理体系要实现与中国气象局的过程接口对接。结合内蒙古气象观测业务实际，梳理出的内蒙古自治区气象局气象观测质量管理体系国、省接口见表 1.5。

表 1.5 观测业务质量管理国省业务接口信息

国、省接口				
接口过程名		接口单位		接口项目
国家级过程	省级过程	国家级单位	省级单位	
站网管理	站网管理	中国气象局综合观测司	内蒙古自治区气象局观测与网络处	省级单位上报观测站新建、迁移、撤并，无线电频率，气象探测环境保护等信息，国家级单位批复观测站新建、迁移、撤并、无线电频率等申请
装备元数据管理	站网管理	中国气象局综合观测司	内蒙古自治区气象局观测与网络处、内蒙古自治区大气探测技术保障中心	省级单位按照要求，收集上报有关装备元数据信息
采购/仓储供应管理	装备管理	中国气象局气象探测中心、上海物管处	内蒙古自治区气象局观测与网络处、内蒙古自治区大气探测技术保障中心	省级单位编制并上报采购计划 国家级单位组织签订采购合同
观测业务建设	观测业务建设	中国气象局综合观测司、中国气象局气象探测中心	内蒙古自治区气象局观测与网络处、内蒙古自治区大气探测技术保障中心	省级单位按照国家级单位工作部署和要求，组织相关业务项目的建设、测试、验收、评估工作，并上报相关信息
监控信息发布	运行监控	中国气象局综合观测司、中国气象局气象探测中心	内蒙古自治区气象局观测与网络处	国家级单位定期向省级单位通报各类观测系统运行情况
装备维护	维护维修	中国气象局气象探测中心	内蒙古自治区大气探测技术保障中心	省级单位向国家级单位上报大型装备维护（含大修、中修等）申请 国家级单位批准装备维护申请，协调组织大型装备维护工作

续表

国、省接口				
接口过程名		接口单位		接口项目
国家级过程	省级过程	国家级单位	省级单位	
专项定标	标定与定标	中国气象局气象探测中心	内蒙古自治区大气探测技术保障中心	省级单位组织开展一类装备年选件、年维护定标和专项定标工作；国家级单位开展专项定标、技术审查与评估工作
计量检定	计量检定	中国气象局气象探测中心	内蒙古自治区大气探测技术保障中心	省级单位定期将计量标准装置送到国家级单位进行周期检定/校准 国家级单位向省级单位发放检定/校准证书
技术支持	维护维修	中国气象局气象探测中心	内蒙古自治区大气探测技术保障中心	省级单位向国家级单位提出技术支持申请 国家级单位组织相关方给予省级单位技术支持
国家级故障件修复	维护维修	中国气象局气象探测中心	内蒙古自治区大气探测技术保障中心	省级单位向国家级单位提出国家级故障件修复申请；国家级单位组织相关方开展国家级故障件修复工作
装备报废	装备管理	中国气象局综合观测司、中国气象局计划财务司、中国气象局气象探测中心	内蒙古自治区气象局观测与网络处、内蒙古自治区气象局计划财务处、内蒙古自治区大气探测技术保障中心	省级单位按要求向国家级单位上报装备报废申请；国家级单位批复省级装备报废申请
数据监视	数据传输	国家气象信息中心	内蒙古自治区气象信息中心	省级单位按要求上传各类气象观测数据 国家级单位通报各类观测数据传输情况
质量控制	质量控制	国家气象信息中心	内蒙古自治区气象信息中心	国家级单位向省级单位通报数据质量控制情况 省级单位组织核实数据质量，并开展本省数据质量控制工作
质量监督考核	质量监督考核	中国气象局综合观测司	内蒙古自治区气象局观测与网络处	省级单位按照要求上报相关内容 国家级单位向省级单位通报观测业务质量
业务准入和退出	业务准入和退出	中国气象局综合观测司	内蒙古自治区气象局观测与网络处	省级单位提出业务准入和退出申请 国家级单位批复申请、下达业务准入和退出
标准规范制修订	标准规范制修订	中国气象局综合观测司、中国气象局政策法规司	内蒙古自治区气象局观测与网络处、内蒙古自治区气象局政策法规处	省级单位接收国家标准规范，向国家级单位报备相关标准规范 国家级单位下达标准规范

1.6 工作任务

依据 ISO 9001 国际质量管理体系标准，气象观测质量管理体系建设工作按其先后顺序分为筹备、实施、检查与评审、认证、保持与改进 5 个阶段，共计 14 项具体建设任务。

1.6.1 观测质量管理体系建设筹备

1.6.1.1 选择培训指导机构

为确保气象观测质量管理体系的适用性、专业性和科学性，将专业管理知识应用到气象观测业务领域，结合工作要求，根据第三方培训指导机构的技术能力、专业水平、服务经历及口碑等方面选择培训指导机构，明确其工作目标、工作任务、工作要求和时间节点，建立双方沟通和反馈机制，确保各项工作稳步推进。

1.6.1.2 专项培训

所有体系建设成员接受专项培训（包括中国气象局、内蒙古自治区气象局组织的培训），准确把握质量管理体系标准的内涵要求、体系建设的方法和运行要求，并结合前期试点单位体系建设经验，解放思想、创新方法、少走弯路，提高体系建设工作效率，确保体系建设工作顺利完成。

1.6.1.3 制定体系建设方案

根据《中国气象局气象观测质量管理体系（QMS－O－CMA）总体框架》《中国气象局综合观测司关于报送气象观测质量管理体系建设方案（第二批）的通知》要求，结合实际情况制定《内蒙古自治区气象局气象观测业务质量管理体系建设方案》，气象观测质量管理体系建设覆盖自治区气象局气象观测业务所有单位。体系建设方案由工作组负责编制，经中国气象局气象探测中心审查通过后，以公文形式上报中国气象局综合观测司备案。

1.6.2 观测质量管理体系建设实施

1.6.2.1 业务流程、制度与职责梳理

依照体系建设方案，按照质量管理体系标准要求，组织收集、整理现有观测业务工作涉及的工作指导性文件，包括法律法规、规章、规范性文件、上级部门下发的业务指导文件以及本单位制定的规范业务工作的文件等；梳理目前各项观测业务工作开展的情况，进行现状调研总结和差距分析；完善已有标准、规范和制度；划分业务过程、识别相关过程，梳理对应业务过程、关键节点及业务流程，确定各流程、各级别间业务接口的相互关系；开展各项业务流程环节风险和机遇的识别、评估与确定，制定风险和机遇应对措施等。

1.6.2.2 体系文件编制

体系文件描述工作流程时必须明确何人、何时、何地、依据什么文件做什么工作、如何做，并绘制流程图。在中国气象局下发的体系文件模板基础上，组织建设组按照实事求是、灵活应用、讲求实效的原则，在梳理业务流程的基础上整合、完善、补充现有标准、技术要求、规范和规章制度等，形成“留废改立”清单并编制体系文件。

1.6.2.3 体系文件评审、发布与宣贯

为确保体系文件的适用性，文件发布前，组织包括文件编写人员、文件执行人员、与文件有接口关系的部门负责人员以及第三方培训指导机构指定的专家进行文件评审。

体系文件评审通过后，根据文件管理权限进行体系文件的审核、批准、发布和全员宣传贯

御、应用培训等。

1.6.2.4　体系试运行

体系试运行是体系认证的必备环节，通过试运行可以检验体系文件的适宜性、有效性。同时，通过试运行收集相关工作记录或数据，为内部审核和管理评审积累基础资料，为顺利实施认证审核提供审核依据。

体系文件发布实施后，及时组织开展至少三个月的试运行工作。试运行期间要严格执行体系文件，确保各项要求落实到人，认真保留执行过程中的工作痕迹（工作记录）。

1.6.3　观测质量管理体系检查与评审

1.6.3.1　内审员培训及管理

按照质量管理体系建设要求，内审员负责各建设单位气象观测质量管理体系的内部审核，该方式对体系运行的有效性至关重要。内审员主要从工作组、技术组和建设组骨干人员中遴选，应具备责任心强、工作细致、熟悉观测业务和体系整体运行情况以及具有一定的组织管理能力和文字表达能力等条件。内审员应相对固定，在建设和运行阶段均应定期参加质量管理体系相关知识培训，经第三方培训指导机构培训考核合格后予以确定，采取定期考核淘汰制，确保内审员素质满足体系建设和运行需求。

1.6.3.2　内部审核

内部审核（简称内审）在体系试运行一段时间后实施，是体系认证所需的必备环节，其主要目的是确认体系的运行是否满足体系文件和标准要求，找出不合格项并采取纠正措施。

工作组负责体系内审策划方案的制定，负责组织协调各建设单位根据方案要求开展内审工作。主要流程包括确定审核组成员、印发内审通知、下发审核计划、召开首次会议、组织现场审核、召开末次会议、内审组提交内审报告、被审核单位整改和审核组跟踪验证等。

各相关部门、单位内审结束后向工作组提交内审总结材料；工作组编制全自治区气象观测质量管理体系建设内审总结，并向领导层汇报。

1.6.3.3　管理评审

开展管理评审，对体系试运行（运行）期间的适宜性、充分性和有效性进行综合评价，对观测质量管理体系运行中的重要问题进行研究、部署并确定后续改进方向。工作组负责组织开展管理评审工作，管理评审结果报中国气象局技术组。

1.6.4　观测质量管理体系认证

1.6.4.1　认证审核

体系试运行满三个月，且完成了内审和管理评审工作后，按照质量管理体系认证要求，工作组向中国气象局气象探测中心提交整体体系的认证申请书及相关资料等。经审批合格后，工作组按照中国气象局安排，组织做好体系认证准备工作。按照认证审核计划确定的审核范围、审核准则及审核组分工等，组织落实各项工作，包括准备体系文件、安排审核小组向导、接受现场审核、提供审核证据、参加末次会议、不合格项和问题清单落实整改、跟踪验证整改结果和确定受审核单位联系人等。

1.6.4.2　认证总结

认证机构完成审核并评定合格后，工作组组织按照审核意见落实整改措施后，获得质量管理体系认证证书。证书设计和内容由工作组和认证机构按照质量管理体系认证要求确定。

各建设组提交本单位体系建设总结，工作组撰写整体体系建设总结报告并向领导层汇报。

1.6.5 观测质量管理体系保持与改进

1.6.5.1 信息化平台应用

中国气象局已初步设计完成质量管理体系信息化平台开发工作，待系统充分完善后，内蒙古自治区将适时组织开展平台应用培训，并在日后依托平台具体开展质量管理体系相关工作。

1.6.5.2 体系业务运行

内蒙古自治区获取质量管理体系认证证书后，进入质量管理体系的保持阶段，即气象观测质量管理体系持续运行阶段。

由中国气象局综合观测司统筹策划，内蒙古自治区气象局观测与网络处组织开展体系业务运行工作，主要包括两项内容：

(1)持续运行质量管理体系，坚持执行质量管理体系文件，不断改进完善质量管理体系，确保气象观测业务运行始终符合各项业务要求，构建起良好的质量文化。

(2)按照体系保持要求，每年开展内部审核和管理评审工作，接受认证机构年度监督审核和再认证工作。

1.7 体系建设推进机制

1.7.1 质量例会机制

为推进工作进度，及时研究、解决工作中的问题，一方面建立自治区气象观测质量体系建设微信群，及时通报信息，另一方面组织相关人员定期(1～2 周)召开会议，研究、推进各项工作。

1.7.2 定期通报机制

各相关单位每周五向观测处提交工作进度。整理汇总后于每周一通过邮件、微信群对各单位建设进展进行通报，并于每月 24 日前向中国气象局综合观测司报送近一个月气象观测质量管理体系建设工作简报。

1.7.3 实地调研检查

根据工作需要，适时开展对业务一线、管理一线的实地调研，梳理、编制、修订和完善体系文件，对工作进展、体系文件的试运行情况等进行督促检查。

1.8 体系实施与运行

为了验证前期内蒙古自治区气象局体系文件编写的合理性、适用性、有效性，为体系的进一步完善提供改进的方向，收集相关记录或证据，以及为之后的内部审核和管理评审准备并积累资料，也为认证审核提供审核依据，内蒙古自治区气象局于 2019 年 8 月开展了体系试运行工作。体系试运行主要包括体系文件的审批发布、体系文件的宣传贯彻与实施、体系试运行情况的日常检查、开展全区内审员培训、组织开展内部审核、审核后对不符合情况的做整改、体系文件做修订完善、召开年度管理评审会等。

按照中国气象局气象观测质量管理体系建设与运行总体安排部署，内蒙古自治区气象局于 2020 年 6 月组织开展了气象观测质量管理体系内部审核工作。审核组对全区 6 个职能处(室)、4 个直属单位、12 个盟(市)气象局、2 个计划单列市气象局、86 个旗(县、市、区)气象局、

35 个独立气象观测站采用不同方式实施审核，实现内审工作全覆盖。通过近 20 天的内审，共填写形成 18 份(职能处(室)6 份、直属单位 4 份、盟(市)气象局 6 份、旗(县)/站 2 份)内审检查记录表，发现的问题覆盖三大类(管理过程、业务过程、支持过程)全过程。内审组长组织各小组对问题清单进行研讨和梳理，逐一分析问题原因，现场开具不合格项清单并提出整改意见和建议，告知受审核单位产生问题的原因，明确改进方法，制定改进措施，并要求受审核单位在规定期限内核实整改。通过召开内部审核末次会议的方式，将内审中发现的所有问题项进行逐一通报。通过召开管理评审会议全面剖析体系建设以来存在的问题，进而不断改进、创新，推动气象观测业务质量的提升。

为全面了解全自治区气象观测业务内外不同用户对自治区现行气象观测数据产品的需求和改进建议，内蒙古自治区气象局于 2020 年 8 月依托“中国气象局气象观测质量管理体系信息系统”开展了气象观测数据产品用户满意度调查，调查共发放内部问卷 381 份，收回内部用户问卷 295 份(回收率为 77.43%)，共发放、收回外部用户问卷 176 份。通过对调查问卷的综合分析，内蒙古自治区气象局内部用户对气象观测数据产品的质量综合评价很高(97.12%)，外部用户也同样表示非常满意(97.25%)。

建设气象观测质量管理体系是对内蒙古自治区现有气象观测业务的管理模式的梳理与改进，在新体系的运行中，各岗位需清楚地知晓其职责、任务、目标与考核是体系运行的基础。体系运行效率的评价依靠各项业务与管理流程的契合程度，是否清楚地识别了涉及的相关方与相关风险、管理流程匹配的资源、管理过程间的互动机制以及相应产生记录文件等。在质量管理体系中，管理过程的绩效将直接影响体系运行的效率。因此，需要在体系运行过程中不断总结不同周期的管理手段以及体系效能发挥的程度，判断影响效率的主要因素或制约机制，并寻求解决手段去完善、改进，从而形成 PDCA 闭环。

1.9　体系建设成效

按照中国气象局建立全国气象观测质量管理体系相关要求，内蒙古自治区气象局在气象观测领域引入 ISO 9001:2015 质量管理体系以来，不仅强化了全自治区气象观测业务管理机制，梳理并完善了观测业务工作流程，而且也树立了更好的单位形象，为内蒙古自治区气象局气象观测业务的进一步发展奠定了基础，也为今后在其他领域开展质量管理体系建设积累了经验。

(1)逐步健全质量管理体系建设和运行制度。内蒙古自治区气象局先后印发了《内蒙古自治区气象局气象观测质量管理体系建设总体方案》《内蒙古自治区气象局气象观测质量管理体系质量手册》《内蒙古自治区气象局气象观测质量管理体系业务运行规定(试行)》等工作指南、体系文件和管理制度，优化了体系运行考核评价办法，为规范各级气象观测质量管理体系建设和运行工作奠定了基础。

(2)实现观测领域全过程管理。通过导入国际先进的 ISO 9001 标准化管理模式，完成了自治区、盟(市)和旗(县、市、区)气象局三级观测业务工作全流程梳理，建立了基于过程管理的质量工作方法，打破了部门壁垒和条块分割，打通了跨部门横向流程，实现跨组织、跨部门、跨岗位业务的高效流转，在一定程度上优化了业务流转环节，提高了工作效率。各类行政文件、体系文件和技术性文件也都进行了有效管理，且均按照文件控制程序的要求执行。各相关部门(单位)都建立了受控文件清单、记录清单等,合理运用管理机制和记录表单进行工作的管控,方便了日常管理工作。

(3)引入PDCA循环管理模式,完善了现有管理体制。根据ISO 9001质量管理体系要求,在工作中形成PDCA监督改进机制,建立不断发现问题、解决问题的机制并循环运行,实现多维度自主管理和持续改进,形成整体工作螺旋式上升的良好态势。通过内部审核、管理评审、业务工作检查等方式,运用数据质量分析等科学手段,对全区气象观测质量管理体系的适宜性、充分性、有效性进行评价,力求不断改进工作,促进全区气象观测业务管理水平的不断提高,确保预期的质量方针和目标的实现。

(4)促进了自治区气象局气象观测业务工作的规范化管理。体系的建立确定了管理者职责,各项内部事务工作也都制定了文件化的工作程序,各部门(单位)、各岗位都有明确的工作程序和工作质量要求,使观测业务相关工作人员基本都掌握质量管理体系的内容,都知道自己该做什么、如何做和做得怎么样、如何自我评估和自我控制。全体观测业务相关人员按规定要求去做,形成一个全面可控、持续运转的气象观测质量管理体系,基本克服了以往凭经验管理的不规范做法,解决基础管理弱化、内部协调不畅等问题,使全区气象观测业务管理工作较好地满足科学、系统、规范化要求。

(5)引入基于风险思维的管理新模式。风险管理的理念将对气象观测业务工作及相关管理活动从多维度进行全面评估,重点关注职责分工、流程接口、全面性、适用性、可操作性、规范性等维度,梳理可能出现的风险点(或风险工作项),通过逐一分析,提出并审定切实可行的解决方案,进而有序地加以改进,达到防患于未然的目的。

(6)积极引入第三方监督机制,使管理层获得更加客观的运行评价成为可能,进而为管理者的决策提供更客观的依据。通过行政强制要求,在先期开展的体系建设中,中国气象局要求引入具有资质的第三方认证机构对全国各省(区、市)气象局进行认证审核,使建设效果更有保证,同时获得更加客观的运行评价和更加科学的改进建议。

(7)各相关部门(单位)的目标管理意识有了较大的提高。通过质量目标检查,各部门(单位)基本实现了本部门(单位)的质量目标,且各部门(单位)依照质量管理体系文件的要求严把质量关,用户满意率超过质量目标。

1.10 体系建设思考

内蒙古自治区气象局现有的管理控制程序虽然规范程度很高,基本能做到事事有记录,但执行起来不是很方便,影响了工作效率,甚至可能造成工作成本增加等问题。所以,有效运行管理体系需要长期的坚持和不断地实践,并在实际运行中不断持续改进,切实需将ISO 9001标准的管理理念与现有的行政管理模式相融合,促进全区各相关气象部门(单位)各项观测业务工作不断完善和机关效能的全面推进,最终实现工作质量和办事效率的提高。

1.10.1 管理层高度重视,推动体系有效运行

质量管理体系七项原则中“领导作用”极其重要,管理者推动是关键,管理者特别是最高管理者的高度重视和强有力的领导是提高质量管理体系运行有效性的关键。首先,管理者要树立质量意识,做履行质量职责的明白人、带头人。所谓明白人,就是指各级管理者必须明确自己在整个气象观测质量管理体系或其某一过程中,处于什么地位,应履行的职责是什么,用什

么方法实现质量目标，执行到什么程度才能满足质量管理体系的要求。所谓带头人，就是要求各级管理者以身作则，不折不扣地完成自己负责的质量管理职能及质量管理活动，并带动各级相关人员完成质量管理职责。其次，建立质量管理责任制，将组织的质量管理职能活动层层分解，落实到人，实施质量目标管理，严格考核和奖惩。最后，管理者还要做好组织和协调工作，强化日常的监督管理和信息反馈机制。及时了解、沟通质量管理体系的运行情况以及各部门（单位）、各岗位的业绩与问题，针对发现的问题及时采取纠正措施与预防措施。

1.10.2　提高质量意识，加强质量培训

质量管理体系运行的有效性与职工的质量意识和能力密不可分，若想提升质量意识和质量管理水平，就要抓好质量管理相关培训。培训内容由质量意识、质量知识和质量技能培训组成；培训对象包括从高层领导到质量管理人员，再到基层工作人员。由此可见，质量管理相关教育培训贯穿于气象观测质量管理体系的所有人员和所有与质量相关的业务过程，质量管理培训的重要性显而易见。质量管理培训的前提是提高职工的质量意识，首先要求各级员工理解本岗位工作在质量管理体系中的作用和意义，明确并履行各自的岗位职责，为实现全区各相关气象部门（单位）的质量目标做出积极贡献。然后针对所有从事与质量有关工作的职工进行不同层次的培训。对领导培训应以质量法律法规、管理理念、决策方法等侧重于质量管理理论和方法以及质量管理的技术内容和人文因素，对基层员工培训则应以本岗位质量控制和质量保证所需知识为主。同时抓好技能培训，学习新方法，掌握新技术。

1.10.3　人人重视，人人参与

质量管理不仅仅是某个、某几个人或某个、某几个部门（单位）的事，需要各个环节的密切配合，需要全员的共同参与。首先，最高管理者是质量管理的驱动者，观念、意识、态度以及行为方式是全区各气象部门（单位）所有职工参照效仿的典范，正如一名舵手，掌握着船舶航行的方向。其次，各部门处室、各单位科室与各基层台站组成质量管理链的各个节点，任何一个节点的失控，都会导致质量管理运行不畅。因此各部门（单位）都应积极投入质量管理活动中，齐心协力完成其所承担的质量管理工作职能。再者是个人参与，个人是团队的最小单元，是气象观测数据获取或气象数据服务提供的具体操作者，所以必须清楚了解符合质量标准或要求的重要性，以及不符合质量标准或要求将会造成的损失，进而自觉地去识别和解决工作过程中随时可能出现的问题。只有每个职工“第一次”就把事情做好，减少差错，防微杜渐，才可实现以最低的工作成本创造最大的成果，管理体系才能有效运行。

1.10.4　加强质量管理的过程控制

质量管理体系是通过过程来实施的，内蒙古自治区气象局要提高质量管理体系运行的有效性，就必须对过程进行控制。过程控制的重点要抓技术管理，技术是观测数据获取过程中最活跃的因素，对作业规程管理、数据获取技术管理、备件（备品）及耗材管理、人力调配、气象探测环境等都要由操作规程提供基本依据。质量的符合性主要是在作业过程中实现的，加强过程中的质量管理，对过程进行严格的控制，是提高质量的有效途径，这就要求管理者对实施过程中的关键步骤进行识别，并对关键过程进行重点控制。

第2章 内蒙古自治区气象局观测质量管理体系质量手册

2.1 质量方针与目标

2.1.1 质量方针

准确及时:各类气象观测数据满足代表性、准确性、比较性要求,数据的空间和时间分辨率满足用户需求;各类气象观测数据从采集、传输、质量控制、数据及产品服务、运行保障等全业务流程运行及时高效,满足气象预报业务及服务的时效要求。

科学规范:以科学管理理念为指引,以标准规范为基础,构建现代气象观测质量管理体系,通过严格规范的管理,全面提升气象观测业务的管理水平、技术水平和服务水平。

持续高效:跟进新技术发展,面向不断增长的气象预报预测、气象防灾减灾、应对气候变化和生态文明建设气象保障需求,持续提升气象观测设备的智能化、综合化、信息化、社会化水平,为用户提供全天候、自动化、连续高效的气象观测数据服务支撑。

2.1.2 质量目标

根据内蒙古自治区气象局制订的观测业务发展战略方向及质量方针,落实中国气象局综合气象观测业务要求,学习借鉴先进经验,内蒙古自治区气象观测质量管理体系 2019—2022 年总体质量目标主要包括以下几个方面:

(1)观测业务系统稳定运行,观测业务数据准确及时,观测业务质量达到中国气象局下达的观测业务考核指标要求。

(2)气象观测数据能够支撑和满足气象业务、服务、科研应用需求,用户满意度高于 90%。

(3)气象观测系统的智能化、综合化、信息化、社会化水平得到提升。

内蒙古自治区气象局气象观测质量管理体系质量目标在自治区气象局机关相关处室、内蒙古自治区大气探测技术保障中心、气象信息中心、气象干部培训学院、气象台、盟(市)气象局、旗(县、市、区)气象局/台站分解,将在每年年初目标考核任务下达时予以明确。对质量目标的跟踪管理,执行 2.5.3 节的规定。

2.2 总　则

(1)质量手册规定了内蒙古自治区气象局观测质量管理体系的要求,是内蒙古自治区气象局气象观测质量管理体系的法规性、纲领性文件,是全区气象观测质量管理体系文件的组成部分。

（2）质量手册是内部审核及第二方、第三方审核与评价内蒙古自治区气象局观测质量管理体系的依据。

（3）建立实施本手册的目的是贯彻内蒙古自治区气象局的质量方针、实现质量目标、提高全区气象观测服务质量的技术保障，用以证明本局具备稳定地提供满足用户和适用的气象观测资料要求的能力，并通过气象观测质量管理体系的有效应用（包括质量管理体系改进、应对风险和机遇的措施、自我完善机制的建立和实施，追求卓越绩效等），从而达到提升履行合规义务的能力，使得用户及相关方满意，以提升全区气象观测业务质量管理水平。

2.2.1　规范性引用文件

内蒙古自治区气象局气象观测质量管理体系策划过程中引用了以下规范性文件，本手册发布时，所示版本均为有效版本：

（1）《质量管理体系 基础和术语》（GB/T 19000—2016）；

（2）《质量管理体系 要求》（GB/T 19001—2016）；

（3）《中华人民共和国气象法》2016 年版；

（4）世界气象组织《国家气象水文部门和其他相关服务提供方质量管理体系实施指南》2017 年版；

（5）中国气象局气象观测质量管理体系（QMS－O－CMA）总体框架（气发〔2019〕10 号）；

（6）相关技术标准。

2.2.2　术语和定义

本手册采用 GB/T 19000—2016《质量管理体系 基础和术语》等标准给出的术语和定义以及内蒙古自治区气象局的专用术语和定义。

（1）质量管理体系负责人：内蒙古自治区气象局相关处室、有关直属单位、盟（市）气象局、旗（县、市、区）气象局/台站主管本部门气象观测质量管理体系的负责人。

（2）三级管理：内蒙古自治区气象局、盟（市）气象局、旗（县、市、区）气象局/台站三级管理。

（3）各部门：与气象观测质量管理体系相关的处室、有关直属单位、盟（市）气象局、旗（县、市、区）气象局/台站等职能部门的统称。

（4）各单位：与气象观测质量管理体系相关的处室、有关直属单位、盟（市）气象局、旗（县、市、区）气象局/台站。

（5）内蒙古自治区气象局直属单位：与气象观测质量管理体系有关的自治区大气探测技术保障中心、自治区气象信息中心、自治区气象台、自治区气象干部培训学院 4 个单位。

（6）盟（市）气象局：全区 12 个盟（市）气象局。

（7）传输存储：将采集到的气象观测数据通过有线或无线方式传输到指定地址，并保存到指定介质。

（8）外部供方：给内蒙古自治区气象局开展气象观测活动提供相关的物资、气象观测设备、材料、气象观测设备维护、气象观测设备维修等服务活动的组织或个人。

（9）用户（又称顾客）：接受或使用内蒙古自治区气象局气象观测数据（输出）的组织、团体、个人。

2.3 质量管理体系覆盖范围

2.3.1 管理体系组织架构与职能定位

内蒙古自治区气象局气象观测质量管理体系组织架构如图 2.1 所示。

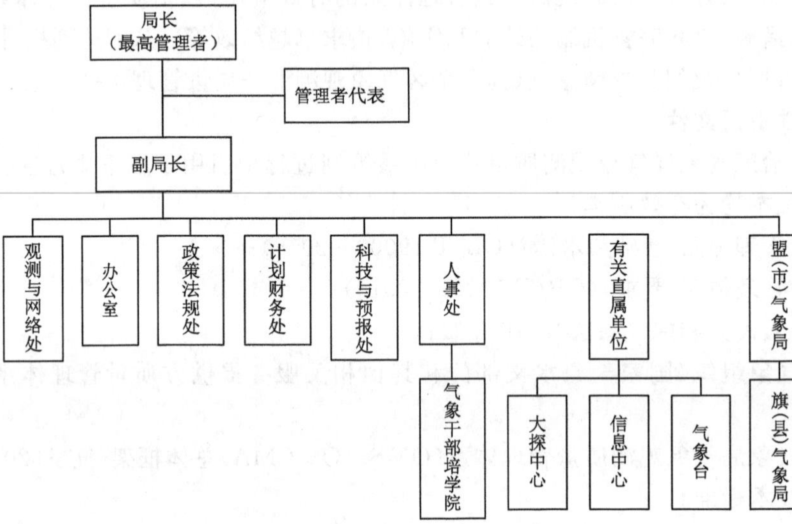

图 2.1 内蒙古自治区气象局气象观测质量管理体系组织架构

2.3.1.1 管理者职责

(1)内蒙古自治区气象局最高管理者（内蒙古自治区气象局局长及局领导层）及有关直属单位、盟（市）气象局、旗（县、市、区）气象局/台站主要负责人应确保整个内蒙古自治区气象局内部相关部门/单位岗位的职责、权限得到分派、沟通和理解。对内蒙古自治区气象局质量管理体系及其实施过程中需要应对的风险评估工作负有领导责任，审批重大风险和机遇应对措施。负责审核、批准观测处组织制定的年度或阶段性的质量目标。负责批准、发布和批准修订自治区气象局气象观测质量管理体系的《质量手册》。

(2)内蒙古自治区气象局最高管理者（内蒙古自治区气象局局长及局领导层）要求各有关直属单位、盟（市）气象局、旗（县、市、区）气象局/台站领导层应在本单位的管理层中，确定一名管理人员（一般为分管业务的副主任、副局长）为本单位体系主管人员，并分派职责和权限。

1)确保本单位的气象观测质量管理体系符合《质量管理体系 要求》(GB/T 19001—2016)和《质量手册》的要求；

2)确保各项运行过程获得其预期输出；

3)向各有关直属单位、盟（市）气象局、旗（县、市、区）气象局/台站的最高管理层报告本单位气象观测质量管理体系的绩效及其改进意见建议，并向内蒙古自治区气象局管理者代表报告。

(3)内蒙古自治区气象局最高管理者（内蒙古自治区气象局局长及局领导层）在内蒙古自治区气象局的最高管理层中确定分管全区气象观测业务的副局长为内蒙古自治区气象局气象观测质量管理体系的管理者代表，并以授权书的形式和文件方式做信息公布。

1)负责对质量监督检查中发生的重大质量不合格的处置办法进行审批；

2)由管理者代表组织相关处室对有关直属单位及盟(市)气象局与观测质量管理体系有关的运行事项、业务工作进行监督检查，并由相关处室建立监督检查记录；

3)审核用户满意度调查方案，审批用户反馈信息、用户满意度和用户投诉报告；

4)负责审核主管部门编制的《管理评审计划》和《管理评审报告》，向内蒙古自治区气象局最高管理者(内蒙古自治区气象局局长及局领导层)报告气象观测质量管理体系的运行情况，提出改进建议；

5)负责领导内蒙古自治区气象局气象观测质量管理体系的内部审核工作，审批内部审核文件，包括《年度内部审核方案》《内部审核实施计划》及《内部审核报告》；

6)负责因纠正措施而引起的资源协调与配备。

(4)内蒙古自治区气象局最高管理者(内蒙古自治区气象局局长及局领导层)和管理者代表指定观测与网络处为全局气象观测质量管理体系的主管部门。

(5)内蒙古自治区气象局相关处室、有关直属单位、盟(市)气象局、旗(县、市、区)气象局/台站的所属部门及各类岗位人员的职责权限，应以文件方式做信息公布。

2.3.1.2　各单位、各部门的主要职责

内蒙古自治区气象局相关处室、有关直属单位、盟(市)气象局、旗(县、市、区)气象局/台站在气象观测方面承担的职责如下：

(1)内蒙古自治区气象局办公室(简称办公室)

1)综合协调机关工作和会议安排；

2)承担局党组重大决策咨询任务；

3)承担目标管理、督查督办工作；

4)承担文秘、机要、保密、文书档案、印鉴、办公自动化工作；

5)承担综合信息系统应用协调工作，负责管理政务信息、《中国气象报》内蒙古记者站、气象宣传等工作；

6)承担应急值守任务；

7)组织草拟综合性文件、报告、总结、计划、工作规则及有关管理制度；

8)负责外事工作；

9)承担全区气象部门安全生产管理、信访等维稳工作；

10)负责机关安全保卫、固定资产管理、行政后勤服务、局机关车队管理工作；

11)负责全区气象部门办公室人员队伍、应急人员队伍建设规划、队伍培训及业务考核；

12)负责全区气象部门办公、业务现代化建设的规划和实施；

13)负责学习型部门建设的宏观管理；

14)负责对机关后勤服务中心的工作指导；

15)承办局领导交办的其他事项。

(2)内蒙古自治区气象局观测与网络处

1)负责组织全区综合气象观测系统、气象信息网络、气象专用技术装备保障发展规划、计划的拟定、调整和实施；

2)负责制定全区综合气象观测、气象信息网络、气象观测设备技术保障业务相关业务规范与规定、工作流程与工作制度；

3)负责气象观测、气象信息网络、气象观测设备技术保障各项业务的运行监督、检查和指导；

4)负责综合气象观测、气象信息网络、气象观测设备技术保障业务人员上岗资格的考核管理、岗位等级的设定及考核标准的制定；

5)按照权限负责气象观测、气象信息网络、气象观测设备技术保障业务(包括单位和个人)的考核、验收、评比和审批；负责自治区级气象综合观测业务检查员的评聘和管理；

6)按照权限负责全区气象观测站及重大气象观测设备的撤、迁、建相关申报材料的审核或审批；

7)负责全区综合气象观测、气象信息网络、气象观测设备技术保障人员队伍建设规划和业务岗位培训规划、计划的提出；

8)负责组织全区综合气象观测、气象信息网络、气象观测设备技术保障业务技术评比和竞赛活动；

9)归口管理全区气象部门无线电和计算机网络安全工作；承办内蒙古自治区气象局无线电管理办公室和计算机安全管理办公室有关工作；

10)负责气象观测资料的管理；

11)承办局领导交办的其他事项。

(3)内蒙古自治区气象局科技与预报处(简称预报处)

1)负责全区气象部门科技预报业务和管理人员队伍建设规划、队伍培训及业务考核；

2)拟订天气预报、气候预测、专业气象预报业务发展规划和组织实施；

3)负责预测、预报、预警业务和气候业务的管理；

4)组织协调重大灾害性天气跨地区、跨部门的气象联防；

5)管理全区气象情报、预报、警报，气候预测，气候影响评价，气候区划等工作；

6)组织协调全区气候变化相关工作；

7)组织指导气候资源的开发利用和保护工作；

8)管理并审查大气环境影响评价、气候可行性论证工作；

9)数值预报解释应用业务及相关工作管理；

10)负责气象观测资料业务开发应用的管理；

11)组织拟定气象科技业务发展规划和实施；

12)负责气象科研工作的管理、组织实施重大科研项目攻关和科研成果转化工作；

13)负责气象科普工作的协调和管理；

14)承办局领导交办的其他事项。

(4)内蒙古自治区气象局计划财务处(简称计财处)

1)组织拟订全区气象事业发展规划、计划；

2)负责组织部门、地方、科技服务预算、决算的实施和管理；

3)负责组织落实气象部门双重计划财务体制的运行和管理；

4)负责计划财务工作监控、监督、检查和指导工作；

5)负责项目库建设、管理和基本建设的管理工作；

6)负责气象部门国有资产的管理；

7)归口管理气象部门房改工作；

8)负责政府采购的管理和气象统计管理工作；

9)牵头落实加强基层工作事宜；

10)负责全区计划财务制度建设、监督、检查；

11)负责全区气象部门计划财务人员队伍建设、培训及业务考核；

12)负责全区计划财务业务现代化建设的规划和实施；

13)承办局领导交办的其他事项。

(5)内蒙古自治区气象局人事处(简称人事处)

1)负责处级领导班子建设，负责处级后备干部队伍建设的管理工作；

2)承担正科级干部和人事科科长任免的备案审批工作；

3)承担参照公务员法管理、人员调配、毕业生接收工作；

4)负责人才队伍建设的评估和管理、各类优秀人才的推荐选拔工作；

5)负责职称评聘、事业单位岗位设置管理工作；

6)拟订自治区气象部门培训规章制度、工作规划、年度培训计划，并负责指导和监督实施；

7)承担机构编制的管理工作、事业单位法人登记及年度报告工作；

8)承担干部人事工作的监督与管理及对下指导；

9)承担处级干部及内蒙古自治区气象局机关干部的人事档案管理工作；

10)承担气象部门劳动工资管理、职工疗养工作；

11)承担医疗、养老、失业、工伤等社会保险管理及具体工作；

12)承担人力资源信息化建设及管理工作；

13)承担全区编外用工的管理工作；

14)负责全区气象部门人事干部队伍建设规划、培训及考核；

15)承办局领导交办的其他事项。

(6)内蒙古自治区气象局政策法规处(简称法规处)

1)负责地方气象法规、规章建设和气象法制教育宣传工作；协调气象法规、规章的组织实施工作；

2)负责内蒙古自治区气象局规范性文件的合法性审查等管理工作；

3)负责全区气象行政许可工作的综合管理和指导工作；承担自治区本级气象行政许可集中受理工作；受理管理权限内行政诉讼和复议；

4)负责全区探测环境保护执法等气象行政执法的指导和监督以及全区气象行政执法队伍建设；

5)负责组织政策调研工作；

6)组织协调全区气象行业管理工作；

7)负责气象行业标准化工作；

8)负责全区气象科技服务政策方面的管理、研究、指导工作；

9)负责雷电防护管理办公室工作。包括防雷行政管理、制度建设、行政许可、经验交流等工作；

10)承办局领导交办的其他事项。

(7)内蒙古自治区大气探测技术保障中心（简称大探中心）

1)承担全区气象部门气象专用技术装备及其消耗器材的计划编制、装备采购、质量验收、仓储物资发运和质量跟踪管理等工作；

2)承担全区气象行业专用压、温、湿、风等气象观测设备的计量检定、检修和行使自治区技术监督主管部门赋予的社会服务监督职能；

3)承担全区新一代天气雷达、L波段探空雷达等大型气象专用技术装备的技术保障与技术支持工作；

4)承担全区地面探测装备的巡检、计量校准和国家自动气象站、自动土壤湿度观测、沙尘暴观测、生态监测、农业气象观测、大气成分观测等地面观测系统所用气象观测设备的维修保障工作；

5)承担全区大气监测专用技术装备运行监控、气象观测数据监测和观测质量的分析、评估任务，对装备运行状况及监测数据质量定期出具监控报告；

6)负责通辽、巴彦淖尔大气探测技术保障分中心的业务指导与管理，承担中部大气探测技术保障业务。

(8)内蒙古自治区气象信息中心(简称信息中心)

1)承担全区气象信息网络数据传输和系统维护、无线电台收、转报业务；

2)负责全区气象信息网络系统安全保障、系统建设和技术支持工作；

3)负责气象观测资料审核、整编和管理工作；

4)负责气象观测资料的收集和信息化处理及服务业务；

5)负责全区网站建设工作和高性能计算机管理、运行；

6)负责收集全区所有气象观测站及业务轨道在科研和业务实施过程中产生的各种门类载体档案的分类、编目、装订、修复、归档工作；

7)负责为社会和气象部门提供气象科技档案服务工作；

8)负责内蒙古自治区气象局电话总机业务；

9)负责对下级单位业务的指导。

(9)内蒙古自治区气象台(简称气象台)

1)牵头承担自治区级天气预报业务，负责全区中、短期、临近短时和精细化预报、警报的制作发布；

2)负责自治区级雷电预警、预报工作；

3)负责数值预报的解释应用；

4)组织全区中小尺度数值模式的研发；

5)承担天气预报的解释应用；

6)承担天气预报的技术开发；

7)组织全区天气会商；

8)负责突发性灾害天气应急预案的启动、预警信号的发布；

9)开展应急预报服务；

10)负责呼和浩特新一代天气雷达的日常管理和责任区内的监测、预警；

11)负责全区新一代天气雷达探测资料的解释应用和回波拼图等工作；

12)组织全区灾害性天气联防和流域联防业务；

13)组织黄河凌汛天气预报会商，发布凌汛气象服务产品；

14)负责自治区决策气象服务中心的日常业务；

15)负责全区实时气象灾害的汇总、评估和上报业务；

16)承担对下级气象观测站的业务指导，并负责预报服务指导产品的制作发布。

(10)内蒙古自治区气象干部培训学院(简称培训学院)

1)组织开展全区气象部门干部职工的业务培训和党员干部的教育培训工作。

2)负责专、兼职教师队伍建设及相关考核工作。

3)负责编写满足培训需求的教学计划，合理设置培训课程，编写相关技能培训教材、讲义，制作远程培训课件。

4)负责中国气象局干部学院远程教育二级站的教学和管理，负责全区气象远程教育培训系统的维护，对盟(市)、旗(县、市、区)/台站级气象局远程教育指导，远程教育实时直播和点播的组织工作。

(11)盟(市)气象局

1)负责本行政区域内气象事业发展规划、计划的制定及气象业务建设的组织实施；负责本行政区域内气象探测设施建设项目的审查；对本行政区域内的气象业务活动进行指导、监督和行业管理。

2)组织管理本行政区域内气象观测资料的汇总、传输；依法保护气象探测环境。

3)负责本行政区域内的气象监测、预报管理工作，及时提出气象灾害防御措施，并对重大气象灾害做出评价，为本级人民政府组织防御气象灾害提供决策依据；管理本行政区域内公众气象预报、灾害性天气警报以及农业气象预报、城市环境气象预报、火险气象等级预报等专业气象预报的发布。

4)组织制订和实施本行政区域气象灾害防御规划；组织本行政区域内气象灾害防御应急管理工作；负责本行政区域内突发公共事件气象保障工作。

5)管理本行政区域人工影响天气工作，指导和组织人工影响天气作业；组织管理雷电灾害防御工作，会同有关部门指导对可能遭受袭击的建筑物、构筑物和其他设施安装的雷电灾害防护装置的检测工作。

6)负责向本级人民政府和同级有关部门提出利用、保护气候资源和推广应用气候资源区划等成果的建议；组织对气候资源开发利用项目进行气候可行性论证。参与本级人民政府应对气候变化工作，组织开展气候变化影响评估、技术开发和决策咨询服务。

7)组织开展气象法制宣传教育，负责监督有关气象法规的实施，对违反《中华人民共和国气象法》有关规定的行为依法进行处罚，承担有关行政复议和行政诉讼。

8)统一领导和管理本行政区域内气象部门的计划财务、人事劳动、科研和培训以及业务建设等工作；会同当地人民政府对全盟(市)气象机构实施以部门为主的双重管理；协助地方党委和人民政府做好当地气象部门的精神文明建设和思想政治工作。

9)承担上级气象主管机构和本级人民政府交办的其他事项。

(12)旗(县、市、区)气象局/台站

1)负责本行政区域内气象事业发展规划的制定及气象工作的组织实施；对本行政区域内的气象活动进行指导、监督和行业管理。

2)组织指导本行政区域内气象灾害防御工作；组织拟订和实施本行政区域的气象灾害防御规划；组织气象灾害防御应急管理工作；管理本行政区域人工影响天气工作，指导和组织人工影响天气作业；指导城乡气象工作，组织推进农村气象灾害防御体系和农业气象服务体系建设，组织指导乡镇（苏木、街道）气象工作站和气象助理员、信息员队伍建设。

3）组织管理本行政区域内雷电灾害防御工作，会同有关部门指导对可能遭受袭击的建筑物、构筑物和其他设施安装的雷电灾害防护装置的检测工作；负责本行政区域内雷电灾害防护装置的设计审核和竣工验收；负责管理本行政区域内的施放气象气球活动。

4）组织本行政区域内气候资源的综合调查、区划，指导气候资源的开发利用和保护，组织并审查重点建设工程、重大区域经济开发项目和城乡建设规划的气候可行性论证和气象灾害风险评估。

5）负责本行政区域内的气象观测站和气象探测设施的组织建设和维护管理；组织管理本行政区域内气象观测资料的采集、传输和汇交；依法保护气象探测设施和探测环境；负责审查建设项目大气环境影响评价所使用的气象观测资料。

6）负责本行政区域内的气象监测、预报预警、公共服务管理工作；组织管理本行政区域内气象信息的发布和传播；组织重大活动、突发公共事件气象保障工作；承担重大突发公共事件预警信息发布系统建设及运行维护。

7）组织开展气象法制宣传教育，负责监督有关气象法律、法规的实施，对违反《中华人民共和国气象法》等法律、法规有关规定的行为依法进行处罚，承担有关行政诉讼；组织宣传、普及气象科学知识。

8）管理本级气象部门内部的计划财务、人事劳动、队伍建设、教育培训和业务建设；负责气象部门双重计划财务体制的落实工作；负责党的建设、精神文明和气象文化建设。

9）承担上级气象主管机构和本级人民政府交办的其他事项。

内蒙古自治区气象局气象观测质量管理体系职能分配如表 2.1 所示。

表 2.1　内蒙古自治区气象局气象观测质量管理体系职能分配表

GB/T 19001 标准条款	最高管理者	管理者代表	办公室	观测处	预报处	计财处	人事处	法规处	信息中心	大探中心	培训学院	盟（市）气象局	旗（县、市、区）气象局/台站
4.1 理解组织及其环境	☆	▲	△	▲	△	△	△	△	△	△	△	△	△
4.2 理解相关方的需求和期望	☆	▲	△	▲	△	△	△	△	△	△	△	△	△
4.3 确定质量管理体系的范围	☆	▲	△	▲	△	△	△	△	△	△	△	△	△
4.4 质量管理体系及其过程	☆	▲	△	▲	△	△	△	△	△	△	△	△	△
5.1 领导作用和承诺	☆	▲	△	▲	△	△	△	△	△	△	△	△	△
5.2 质量方针	☆	▲	△	▲	△	△	△	△	△	△	△	△	△
5.3 组织的角色、职责和权限	☆	▲	△	▲	△	△	△	△	△	△	△	△	△
6.1 应对风险和机遇的措施	☆	▲	▲	▲	▲	▲	▲	▲	▲	▲	▲	▲	▲
6.2 质量目标及其实现的策划	☆	▲	▲	▲	△	△	△	△	△	△	△	▲	△
6.3 变更的策划	☆	▲	△	▲	△	△	△	△	△	△	△	▲	△
7.1.1　资源　总则	☆	▲	▲	▲	▲	▲	▲	▲	▲	▲	▲	▲	▲
7.1.2 人员	☆	▲	▲	▲	▲	▲	▲	▲	▲	▲	▲	▲	▲
7.1.3 基础设施	☆	▲	△	▲	△	△	△	△	▲	▲	△	▲	▲
7.1.4 过程运行环境	☆	▲	△	▲	△	△	△	▲	△	△	△	▲	▲
7.1.5 监视和测量资源	☆	▲		▲	△	△	△	△	▲	▲	△	▲	▲

续表

GB/T 19001 标准条款	最高管理者	管理者代表	办公室	观测处	预报处	计财处	人事处	法规处	信息中心	大探中心	培训学院	盟(市)气象局	旗(县、市、区)气象局/台站
7.1.6 组织知识	☆	▲	△	▲	▲	△	▲	△	△	△	△	△	△
7.2 能力	☆	▲	△	△	△	△	▲	△	△	△	▲	▲	▲
7.3 意识	☆	▲	△	△	△	△	▲	△	△	△	▲	▲	▲
7.4 沟通	☆	▲	▲	△	△	△	△	△	△	△	△	▲	▲
7.5 形成文件的信息	☆	▲	▲	▲	△	△	△	▲	△	△	△	▲	▲
8.1 运行策划和控制	☆	▲	△	▲	△	△	△	△	▲	▲	△	▲	▲
8.2 产品和服务的要求	☆	▲	▲	▲	▲	▲	▲	▲	▲	▲	▲	▲	▲
8.3 产品和服务的设计开发	☆	▲		▲	▲				▲	▲		▲	▲
8.4 外部提供过程、产品和服务的控制	☆	▲		▲		▲		△	▲	▲		▲	▲
8.5.1 生产和服务提供	☆	▲	▲	▲	▲	▲	▲	▲	▲	▲	▲	▲	▲
8.5.2 标识和可追溯性	☆	▲		▲					▲	▲		△	▲
8.5.3 顾客或外部供方的财产	☆	▲		▲					▲	▲		▲	▲
8.5.4 防护	☆	▲		▲					▲	▲		▲	▲
8.5.5 交付后活动	☆	▲		▲					▲			▲	▲
8.5.6 变更的控制	☆	▲		▲		▲			▲	▲		▲	▲
8.6 产品和服务的放行	☆	▲		▲					▲			△	▲
8.7 不合格输出的控制	☆	▲		▲					▲			▲	▲
9.1.1 监视、测量、分析和评价总则	☆	▲	△	▲	△	△	△	△	▲	▲	△	▲	▲
9.1.2 顾客满意	☆	▲		▲					▲			▲	▲
9.1.3 分析与评价	☆	▲	△	▲	△	△	△	△	△	△	△	▲	▲
9.2 内部审核	☆	▲	△	▲	△	△	△	△	△	△	△	△	△
9.3 管理评审	☆	▲	△	▲	△	△	△	△	△	△	△	△	△
10.1 改进　总则	☆	▲	▲	▲	▲	▲	▲	▲	▲	▲	▲	▲	▲
10.2 不合格与纠正措施	☆	▲	▲	▲	▲	▲	▲	▲	▲	▲	▲	▲	▲
10.3 持续改进	☆	▲	▲	▲	▲	▲	▲	▲	▲	▲	▲	▲	▲

注：☆—领导职责，▲—主管部门职责，△—协助部门职责。

2.3.2　体系覆盖范围

2.3.2.1　覆盖的业务/活动范围

内蒙古自治区气象局从内外部环境、合规性义务、相关方及其期望和需求、质量方针和目标、组织架构与职能定位、业务运行与管理，以及监督检查与改进等方面进行质量管理体系策划，结合全区气象观测业务运行特点和管理要求，确定内蒙古自治区气象局气象观测业务质量管理体系覆盖范围，具体如下：

(1)综合气象观测质量管理体系的运行与管理；

(2)综合气象观测业务运行事项,包括站网管理、运行管理、气象观测设备维护、气象观测设备维修、网络维护服务、储备供应、计量检定、信息传输、质量控制、诊断勘误和数据存储等业务;

(3)综合气象观测技术发展,包括用户需求与反馈、业务科研开发以及与气象观测业务有关的项目建设管理等;

(4)综合气象观测准入、准出,标准体系建设等;

(5)其他与综合气象观测保障业务相关的行政、计财、人事、审计、外部供方采购等工作。

2.3.2.2 涵盖的主要单位

内蒙古自治区气象局气象观测质量体系覆盖机构主要为自治区气象局6个内设机构(观测与网络处、科技与预报处、办公室、政策法规处、人事处、计划财务处)、4个内蒙古自治区气象局直属单位(内蒙古自治区大气探测技术保障中心、内蒙古自治区气象信息中心、内蒙古自治区气象干部培训学院、内蒙古自治区气象台)、12个盟(市)气象局、2个计划单列市气象局,86个旗(县、市、区)气象局,35个独立气象站。

2.3.2.3 场所位置

内蒙古自治区气象局注册地址:呼和浩特市新城区海拉尔大街49号

内蒙古自治区气象局运营地址:呼和浩特市新城区海拉尔大街49号

2.4 质量管理体系组织环境

2.4.1 管理者承诺

最高管理者(内蒙古自治区气象局局长及局领导层)应通过以下活动,建立、实施内蒙古自治区气象观测质量管理体系:

(1)对内蒙古自治区气象局气象观测质量管理体系的有效性负责;

(2)确保制定的气象观测质量管理体系的质量方针和质量管理目标与内蒙古自治区气象局的环境和战略方向一致;

(3)确保气象观测质量管理体系的各项要求能融入内蒙古自治区气象局各项观测业务过程;

(4)促进体系的运行中使用过程方法,并做好应对风险和机遇的策划;

(5)确定组织结构,明确各部门在体系中的职责和权限的分配;

(6)为气象观测质量管理体系的建立、实施和改进提供必要的人力资源及所需的培训,提供基础设施(场所、设施、监视测量设备)及所需的管理维护,并提供体系建设所需的技术、财力和信息资源;

(7)为管理体系的建立和实施提供指导和框架,制定文件化的管理方针并促进管理体系目标的实现,使全体成员充分理解并为实现方针和目标而努力;

(8)确保实现气象观测质量管理体系的预期结果;

(9)定期主持管理评审,通过管理评审对质量方针不断地适时检查,并对管理体系的适宜性、充分性和有效性进行评价,以持续改进气象观测质量管理体系运行的绩效。

2.4.2 以用户为关注焦点

最高管理者(内蒙古自治区气象局局长及局领导层)应通过以下多种方法实现以用户为关

注焦点的领导作用和承诺：

(1)持续满足气象观测产品(数据)用户要求，符合适用的法律法规要求；

(2)确定并应对可能影响气象观测用户满意度的风险和机遇；

(3)始终致力于提升气象观测用户满意度。

2.4.3　战略分析规划

2.4.3.1　主要的风险与机遇

综合气象观测系统是内蒙古自治区气象现代化业务体系的重要组成部分。近年来，内蒙古自治区气象局综合气象观测能力、观测业务稳定运行能力与观测质量效益大幅度提升。面对服务国家战略、地方经济社会发展和全面实现气象现代化提出的新需求，观测业务仍存在着一些突出问题和制约瓶颈，主要的风险和机遇表现在：

(1)以科学研究需求与业务需求为牵引的观测规划、站网布局与统筹持续发展的能力需进一步增强，气象观测系统建设设计中不同观测手段的互补、协同的综合利用能力不足；

(2)观测业务从获取到应用环节众多，综合气象观测业务体系上下层级复杂，各环节责任不明确清晰，风险环节增多。信息化、集约化与标准化能力建设需要加强；

(3)观测业务的重叠性与交叉性日益增长，人员投入与业务质量的提高不成正比，科技手段的应用不足，综合气象观测运行效率需要提升；

(4)以观测质量和效益为核心的考核机制尚不全面，满意度为指标的反馈改进机制尚不完善，造成业务质量无法及时反馈、修正，业务持续跟踪与管理能力亟待增强。

2.4.3.2　应对风险与机遇的主要战略措施

(1)由观测处组织大探中心、信息中心、气象台、气候中心、气象服务中心等部门及其他行业用户，采取每年定期或不定期气象观测业务质量分析会、用户投诉、用户满意度信息收集和分析、外部供方的信息分析、质量管理体系的绩效监控、分析和评价等一种或多种组合形式，来把握机遇，并最大程度规避风险。

(2)应对风险可选择规避风险、为寻求机遇承担风险、消除风险源、改变风险的可能性和后果、分担风险，或通过明智决策保留可容许的风险。把握机遇的措施包括采用新技术、新体制，推出新的观测服务产品，利用新技术解决内蒙古自治区气象台和内蒙古自治区气候中心等气象观测资料应用单位的需求。

(3)内蒙古自治区气象局建立和保持《风险和机遇识别控制程序》，并要求各部门、各单位制定相关各项活动的业务流程文件时，应在文件中识别过程的风险项目、控制措施、责任部门/人员及监视方法。

(4)根据最高管理者(内蒙古自治区气象局局长及局领导层)对于气象观测业务的总体发展规划，及对现有风险与机遇的识别和分析，将主要推进以下几项重点举措：

1)强化科学规划。适时制、修订内蒙古自治区气象发展规划、综合气象观测发展规划以及专项规划；

2)推进新型观测业务体系建设。依据中国气象局的新型业务体系，不断完善气象观测业务体系、业务布局，明确业务分工；

3)统筹布局气象观测站网。优化调整地面、高空等站点和天气、气候等观测网，构建综合气象立体观测网；

4)建立气象观测标准质量体系。强化气象观测数据质量管理，提升气象观测标准化水平，加强质量管理和标准的监督管理；

5)发展智能气象观测能力。推进气象观测设备自动化改造、智能化发展；

6)提高观测业务稳定运行能力。完善业务运行机制，提升气象专用技术装备的保障能力，促进气象观测业务信息化、集约化；

7)提升气象观测数据处理应用水平。完善气象观测数据质量控制业务，建立、完善观测产品加工制作业务，建立气象观测数据质量效益评价机制；

8)优化科技创新和人才队伍建设环境。

对于上述规划和措施，均通过融入气象观测质量管理体系各过程及通过目标绩效的制定和测量分析来实现，在每年的管理评审中作为输入进行评价，并在必要时进行调整优化。

2.5　质量管理体系各过程及关系

内蒙古自治区气象局由观测处组织各部门、各单位按质量管理体系标准的要求建立气象观测质量管理体系，识别和确定质量管理体系过程及其相互作用，加以实施和保持，并持续改进。

2.5.1　质量管理体系过程及框架

观测处组织内蒙古自治区气象局相关处室、有关直属单位、盟(市)气象局和旗(县、市、区)气象局/台站按质量管理体系标准的要求，建立全区气象观测质量管理体系、识别和确定质量管理体系过程及其相互作用，加以实施和保持，并持续改进，具体架构示意图如图 1.1 所示。

过程关系说明：业务过程是气象观测之根本；支撑过程为业务过程提供必要的标准规范和准入管理等软性支撑；管理过程是对各项业务过程和支撑过程进行总体管理、资源提供、监视和测量。

2.5.2　气象观测业务过程关系

内蒙古自治区气象局气象观测质量管理体系总体过程关系如图 2.2 所示。

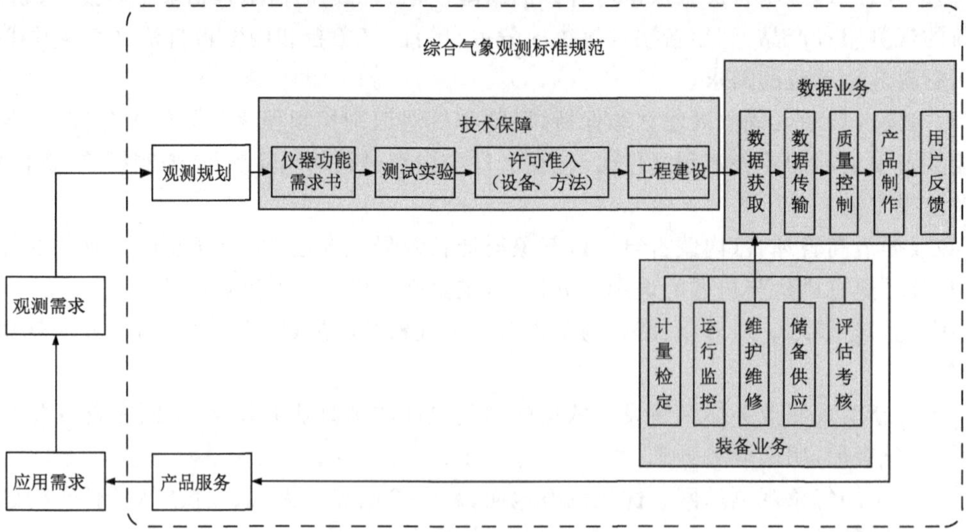

图 2.2　气象观测业务过程关系

2.5.3　管理体系过程

为确保内蒙古自治区气象观测质量管理体系的建设及持续有效运行，结合内蒙古自治区气象局业务实际运行状况和气象观测质量管理体系的管理要求，对具体质量管理体系过程的实施要求，将在本书的“2.6 管理过程描述”“2.7 业务过程描述”“2.8 支撑过程描述”和“2.9 质量管理体系监督检查”四个章节中做详细的介绍。

2.6　管理过程描述

2.6.1　识别环境和相关方的需求与期望

2.6.1.1　识别环境

(1)内蒙古自治区气象局受中国气象局和内蒙古自治区政府双重领导，负责组织开展内蒙古自治区气象观测业务。内蒙古自治区气象局的环境即为：

1)在开展气象观测业务活动时与内蒙古自治区气象局所处的政治、社会、法律法规、技术、市场、自然地理等有关的外部环境因素；

2)同时和内蒙古自治区气象局自身发展战略、管理、文化、组织知识、资源配置和绩效等有关的内部环境因素。

(2)旗(县、市、区)气象局/台站的体系主管人员/体系主管部门，每年年初将本单位的组织环境识别信息及相关应对措施发送至上级(盟(市)气象局)业务管理部门备案。

(3)内蒙古自治区气象局相关处室和有关直属单位、盟(市)气象局和旗(县、市、区)气象局/台站的体系主管人员/体系主管部门每年适时或年初将本部门、本单位的组织环境识别信息或更新的信息及相关应对措施发送至内蒙古自治区气象局观测处备案。

(4)内蒙古自治区气象局由管理者代表领导，观测处负责组织内蒙古自治区气象局相关处室、有关直属单位、盟(市)气象局和旗(县、市、区)气象局/台站的体系负责人和负责管理观测业务的部门/人员，以定期或不定期的频次，在每年度初或适时，采取多种方式收集、研判、确定与内蒙古自治区气象局战略方向相关并可能影响内蒙古自治区气象局实现气象观测质量管理体系预期结果的各种外部和内部因素。特别是对识别出的不利的内外部环境因素，应由各部门、各单位制定相关的应对措施，并组织实施。

2.6.1.2　理解、识别相关方的需求与期望

(1)内蒙古自治区气象局建立、实施、保持识别相关方的需求和期望的程序，充分识别和确定与气象观测质量管理体系有关的相关方及其期望和需求；观测处组织内蒙古自治区气象局相关处室、有关直属单位、盟(市)气象局和旗(县、市、区)气象局/台站的体系负责人和负责管理观测业务的部门单位/岗位，以定期或不定期的频次及每年度初对这些相关方及其需求的相关信息进行定期的识别、监视和评审，以适应气象观测业务发展的需要。特别是各级单位应识别和确定满足相关方需求的应对措施，并组织实施。

(2)与内蒙古自治区气象局气象观测业务活动有关的相关方：

1)内部用户：各级气象预报、服务部门，相关业务直属单位，各气象观测站等；

2)上级部门：中国气象局及直属单位、内蒙古自治区人民政府等；

3)外部供方：装备与物资供方、维修、服务等外部供方等；

4)全区气象局内部工作人员；

5)地方人民政府及相关机构；

6)社会团体、企事业单位、公众等。

(3)各类相关方的期望和需求为能够持续稳定地按照国家、行业主管部门有关的法律法规、规章和标准规范给各级组织、社会团体、公众提供及时准确的气象观测数据和服务，满足经济发展和生活的不断变化的需要。

(4)内蒙古自治区气象局相关处室、有关直属单位、盟(市)气象局和旗(县、市、区)气象局/台站的体系质量负责人/体系主管部门每年应适时或年初将本部门、本单位的相关方需求和期望识别信息或更新的信息发送至内蒙古自治区气象局观测处备案。旗(县、市、区)气象局/台站体系主管部门/主管人员将本单位的相关方需求和期望识别信息发送至盟(市)气象局业务管理部门备案。

2.6.2 质量管理体系策划和建立、应对风险和机遇、变更控制

2.6.2.1 质量管理体系策划和建立、应对风险和机遇

(1)由最高管理者领导，观测处在组织策划气象观测质量管理体系时，必须考虑到内蒙古自治区气象局所处的内外部环境和识别的各种相关方的期望和需求，并确定需要应对的风险和需要把握的机遇。

(2)由观测处组织建立、保持《体系总体规划控制程序》《风险和机遇识别控制程序》，并要求内蒙古自治区气象局相关处室、有关直属单位、盟(市)气象局和旗(县、市、区)气象局/台站也按照程序和规定要求识别风险与机遇，进行风险评估。包括识别过程风险项目、制定风险控制措施、确定风险责任部门/人员、确定风险监视方法。

(3)由管理者代表领导、观测处组织、盟(市)气象局和旗(县、市、区)气象局/台站体系负责人和主管部门等采取每年定期或不定期气象观测业务质量分析会、用户投诉、用户满意度信息收集和分析、外部供方的信息分析、质量管理体系的绩效监控、分析和评价等一种或多种组合形式，来把握机遇，并最大程度规避风险。

(4)应对风险的措施包括：避免风险、为寻求机遇承担风险、消除风险源、改变风险的可能性和后果、分担风险，或通过明智决策保留可容许的风险。

(5)具体应对风险和机遇的措施的实施要求，执行《风险和机遇识别控制程序》的规定。

2.6.2.2 观测质量管理体系变更的策划

当确定需要对观测质量管理体系进行变更时，由观测处组织，其他部门/人员协助，有计划地组织实施，在实施过程中应考虑到：

(1)相关变更的目的及其可能带来的潜在后果；

(2)确保内蒙古自治区气象观测质量管理体系的完整性；

(3)变更后实现目标的条件；

(4)内蒙古自治区气象局各相关部门/人员责任和权限的分配或再分配。

2.6.3 质量目标和过程绩效指标的控制

(1)由观测处组织，相关处室、有关直属单位、盟(市)气象局和旗(县、市、区)气象局/台站每年根据中国气象局的相关目标要求和内蒙古自治区气象局气象观测质量管理体系总体目标，在相关处室、有关直属单位、盟(市)气象局和旗(县、市、区)气象局/台站的相关职能、层次和过程上建立质量分目标。内蒙古自治区气象局相关处室、有关直属单位、盟(市)气象局和旗(县、市、区)气象局/台站的质量目标分解可以和各自制定的程序文件中策划的过程绩效指标

的项目、措施、监控方法、监视频次等要求一并执行。

(2)内蒙古自治区气象局相关处室、有关直属单位、盟(市)气象局和旗(县、市、区)气象局/台站应按照本手册的要求，根据本部门、本单位的质量目标和目前的实际质量管理的现状，设定若干项过程绩效目标、指标值和监视测量的方式方法。

(3)内蒙古自治区气象局相关处室、有关直属单位、盟(市)气象局和旗(县、市、区)气象局/台站的质量目标和过程绩效指标的分解、监控、考核等具体要求，执行《质量目标指标分解及考核控制程序》文件的规定。

2.6.4　质量管理体系的绩效评价与改进

2.6.4.1　绩效评价总则

内蒙古自治区气象局相关处室、有关直属单位、盟(市)气象局和旗(县、市、区)气象局/台站应识别和确定在气象观测质量管理体系运行过程中：

(1)监视和测量内容；

(2)监视、测量、分析和评价方法；

(3)监视和测量实施时间与频次；

(4)监视和测量结果的分析评估。

2.6.4.2　改进总则

内蒙古自治区气象局相关处室、有关直属单位、盟(市)气象局和旗(县、市、区)气象局/台站应确定和选择改进机会，并采取必要措施，以满足用户要求和提高用户满意度。应包括：

(1)改进气象观测数据产品和服务质量；

(2)纠正、预防或减少对气象观测质量不利的影响；

(3)改进气象观测质量管理体系的绩效和有效性。

2.6.4.3　其他

有关对气象观测质量管理体系的绩效评价与改进的详细要求，执行本手册“2.9 质量管理体系监督检查”。

2.6.5　人力资源的管理

2.6.5.1　职责

内蒙古自治区气象局建立和保持《人力资源管理控制程序》，内蒙古自治区气象局人事处为人力资源的主管部门，负责全区人力资源的管理。内蒙古自治区气象局相关处室、有关直属单位和盟(市)气象局的人力资源主管部门负责本部门、本单位人力资源的管理，包括员工的教育、培训或经历、技能、经验，并从以下方面进行控制：

(1)确定从事影响气象观测业务质量活动的人员所必需的能力；

(2)提供必要的培训或采取公开招聘、外聘专家等其他措施；

(3)确保对气象观测质量管理体系负责监视、纠正的人员受到培训；

(4)评价上述(1)、(2)、(3)的实施及其有效性；

(5)确保所有人员认识到所从事活动的相关性和重要性，个人工作的改进所能带来的成果，在实现气象观测质量管理体系要求符合性和有效性方面的作用与职责，偏离规定的运行程序的潜在后果，以及如何为实现质量目标做出贡献；

(6)确保所有影响观测业务质量的人员理解有效沟通的要求；

(7)建立和保持全体员工的教育、培训、技能、经验的相关记录，作为选派人员和识别培训需求的依据。

2.6.5.2 人力资源管理活动

内蒙古自治区气象局人事处通过以下一种或多种方式,组织相关处室、有关直属单位和盟(市)气象局开展人力资源管理的活动,建立和保留教育培训档案:

(1)制定各级部门的人力资源管理过程的绩效监控指标,并进行监控和考核;

(2)每年或适时组织各单位分解过程绩效监控目标、指标,并收集有关直属单位、盟(市)气象局实施监控、考核的信息;

(3)每年或适时制定内蒙古自治区气象局人力资源培训计划,由干部培训学院落实实施,并收集其开展各项培训后对培训效果的评价信息;

(4)收集相关处室、有关直属单位、盟(市)气象局每年开展的人力资源培训计划,通过各种方式监督其实施,并收集培训效果评价信息;

(5)组织各单位的人力资源管理部门开展对员工的日常工作绩效的监控、考核活动,并收集相关处室、有关直属单位、盟(市)气象局员工绩效考核信息。

2.6.5.3 其他

有关开展人力资源管理的活动要求,执行《人力资源管理控制程序》的规定。

2.6.6 组织知识的管理

2.6.6.1 总则

观测处牵头组织气象观测及相关知识的统筹、协调管理。内蒙古自治区气象局相关处室、有关直属单位、盟(市)气象局、旗(县、市、区)气象局/台站参与组织知识的收集和使用,做好本单位拥有的组织知识的管理,并对这些组织知识予以保持和更新,以便相关人员能够在需要时得到。

2.6.6.2 知识的组织与来源

为应对不断变化的需求和发展趋势,内蒙古自治区气象局制定《组织知识管理控制程序》。全区气象观测业务的组织知识可以基于:

(1)内部知识

指来源于内蒙古自治区气象局内部的、气象观测及相关业务运行过程中产生的,经过归纳整理,符合内蒙古自治区气象局发展方向,有利于技术创新、提高经济效益的一系列成文信息,包括但不限于:管理知识、专业技术知识、科研成果、知识产权、成功经验总结、失败教训案例、业务改进结果、培训心得体会等。

(2)外部知识

指来源于内蒙古自治区气象局之外的(国内/国外、上级/兄弟单位、行业内/行业外),经过归纳整理,符合内蒙古自治区气象局发展方向,有利于技术创新、提高经济效益的一系列成文信息,包括但不限于:外来技术资料、学术交流、专业会议、各种气象信息、从外部相关方收集来的知识等。

2.6.6.3 其他

有关组织知识的管理,执行《组织知识管理控制程序》的具体规定。

2.6.7 基础设施和运行环境管理

2.6.7.1 基础设施管理总则

为使气象观测质量管理体系过程正常运行,应确定、提供并维护所需的基础设施,以确保观测业务正常运行，进而获得合格的气象观测数据产品和服务。基础设施的范围包括：

1)建筑物和相关设施；

2)设备，包括硬件和软件；

3)运输资源；

4)信息和通信技术等。

2.6.7.2　管理要求

由内蒙古自治区气象局有关直属单位、盟(市)气象局、旗(县、市、区)气象局/台站负责执行中国气象局下发的有关观测业务基础设施管理的规范性文件，执行《气象观测设备维护控制程序》《气象观测设备维修控制程序》。必要时，组织制定各自有关的基础设施、设备管理制度，并严格按照中国气象局、盟(市)气象局、旗(县、市、区)气象局/台站制定的制度，进行管理并妥善维护，同时建立和保留相关业务类基础设施管理维护的记录。

2.6.7.3　过程运行环境

(1)内蒙古自治区气象局应确定、提供并维护开展气象观测业务及服务所需的过程运行环境，以确保获得合格气象观测数据产品和服务。

(2)通常情况下适宜的过程运行环境可能是人为因素与物理因素的结合，由以下三个方面构成：

1)社会因素(如非歧视、安定、非对抗)；

2)心理因素(如减压、预防过度疲劳、稳定情绪)；

3)物理因素(如温度、热量、湿度、照明、空气流通、卫生、噪声)。

(3)内蒙古自治区气象局相关处室、有关直属单位、盟(市)气象局、旗(县、市、区)气象局/台站应创造满足观测业务运行要求的安全、整洁、有序、和谐的作业环境，营造爱岗敬业、团结向上的组织文化环境。

2.6.8　文件化信息管理

2.6.8.1　总则

内蒙古自治区气象观测质量管理体系文件化信息应包括：

(1)《质量管理体系　要求》(GB/T 19001—2016)要求的应保持和保留的文件化信息；

(2)内蒙古自治区气象局确定的为确保气象观测质量管理体系有效性所需的形成文件的信息；

(3)质量管理体系形成文件信息的多少与详略程度应考虑：

1)内蒙古自治区气象局的组织规模，以及活动、过程、产品和服务的类型；

2)过程的复杂程度及其相互作用；

3)人员的能力。

2.6.8.2　创建和更新

在创建和更新形成文件的信息时，内蒙古自治区气象局应确保适当的：

(1)标识和说明(例如：标题、日期、作者、索引编号等)；

(2)格式(例如：语言、软件版本、图示)和媒介(例如：纸质、电子格式)；

(3)评审和批准，以确保适宜性和充分性。

2.6.8.3　文件化信息的控制

(1)应控制气象观测质量管理体系和《质量管理体系　要求》(GB/T 19001—2016)标准所

要求的成文信息，以确保：

1)无论何时何处需要这些信息，均可获得并适用；

2)予以妥善保护(如防止失密、不当使用或不完整)。

(2)为控制成文信息，适用时，内蒙古自治区气象局应关注体系文件相关的下列活动：

1)分发、访问、检索和使用；

2)储存和防护，包括保持可读性；

3)更改、作废控制；

4)保留和处置。

(3)对策划和运行质量管理体系所必需的来自外部的成文信息，内蒙古自治区气象局应进行适当的识别，并予以控制。

(4)内蒙古自治区气象局相关处室、有关直属单位、盟(市)气象局、旗(县、市、区)气象局/台站负责本单位质量管理体系相关记录的具体管理。

(5)内蒙古自治区气象局办公室负责质量管理体系有关的行政文件的管理。

(6)内蒙古自治区气象局观测处负责体系文件和相关记录的归口管理。

2.6.9 沟通管理

2.6.9.1 沟通过程

(1)内蒙古自治区气象局确定与气象观测质量管理体系相关的内部和外部信息沟通所需的过程，包括：

1)沟通什么；

2)何时沟通；

3)与谁沟通；

4)如何沟通；

5)由谁负责。

(2)策划信息交流过程时，各部门、各单位应考虑其合规义务，确保所交流的气象观测质量管理体系形成的信息一致且真实可信。

(3)内蒙古自治区气象局应对与气象观测质量管理体系相关的信息交流做出响应。

(4)适当时，内蒙古自治区气象局各部门、各单位应保留文件化信息，作为其信息交流的证据。

2.6.9.2 内部信息交流

内蒙古自治区气象局应组织相关处室、有关直属单位、盟(市)气象局、旗(县、市、区)气象局/台站：

1)在其各职能和层次间就气象观测质量管理体系的相关信息进行内部信息交流。适当时，包括交流气象观测质量管理体系的变更；

2)确保其信息交流过程能够促使在其所属工作的人员对持续改进观测质量做出贡献。

2.6.9.3 外部信息交流

内蒙古自治区气象局应按其建立的信息交流过程及其合规义务的要求，就气象观测质量管理体系的相关信息进行外部信息交流，增加内蒙古自治区气象局对相关方要求的理解，提高气象观测质量管理体系的有效性。

2.6.9.4　其他

有关沟通的管理和实施要求，执行《沟通管理控制程序》的规定。

2.6.10　外部供方管理

计财处负责审核全区气象部门政府采购预算，监督有关单位政府采购活动，并参与外部供应商(方)评价和合同审定，组织编制《外部供方管理控制程序》。观测处负责外部供应商(方)选择、合同审定、评价及重新评价活动监督管理。内蒙古自治区气象局相关处室、有关直属单位、盟(市)气象局、旗(县、市、区)气象局/台站执行《外部供方管理控制程序》有关规定。

2.6.10.1　外部供应商(方)选择

为确保外部供方提供的产品和服务符合全区气象观测业务要求，采购活动开始前，各采购单位应根据采购的货物或服务实际情况，按照《外部供方管理控制程序》选择外部供应商(方)。

2.6.10.2　合同和履约管理

各采购单位要按照《气象部门合同管理办法》的要求，与外供方签订采购合同或服务协议，合同协议中的主要标的内容应与采购文件保持一致，合同执行过程中，各单位严格按照《外部供方管理控制程序》执行。

2.6.10.3　供应商评价

外部供方完成服务后，采购单位应按照《外部供方管理控制程序》对外部供应商(方)的服务质量进行评价。

2.7　业务过程描述

2.7.1　技术发展质量管理

2.7.1.1　总则

内蒙古自治区气象局应根据用户需求和承诺，全面识别、策划并实施满足全区气象观测质量管理体系规定要求所必需的过程，包括识别过程的先后顺序及其相互作用，并对其实施控制。对业务过程模块中具体的控制策划应与本手册的“2.5 质量管理体系各过程及关系”的要求保持一致。

针对每一个过程，内蒙古自治区气象局相关处室、有关直属单位、盟(市)气象局和旗(县、市、区)气象局/台站应按照过程方法的模式进行策划，并形成文件。

2.7.1.2　观测业务系统运行的策划

观测处负责组织编制《业务规划与管理控制程序》，组织大探中心、信息中心、盟(市)气象局和旗(县、市、区)气象局/台站等业务部门、单位策划全区气象观测业务实现所需的过程，建立过程运行准则，并实施控制，确保技术发展、装备业务、数据业务三大业务主过程及相关过程策划的结果与观测质量管理体系其他过程的要求一致。在策划运行和控制全区观测业务时，应确定以下方面的内容：

(1)观测业务要求：针对观测业务活动和流程，明确业务规划、项目建设、观测业务科研开发、站网管理、运行管理、装备保障、标准质量、数据传输、数据存储、数据质量控制等业务过程的绩效目标和要求，这些要求可包括在观测业务的标准、规范或相关的法律法规要求中；

(2)针对业务规划、项目建设、观测业务科研开发、站网管理、运行管理、装备保障、标准质量、数据传输、数据存储、数据质量控制等观测业务的过程，分别确定过程活动的所有相关文件和资源的需求，包括与观测业务有关的过程，如管理职责、为控制过程所需的文件、如程序文件、各类过程流程图、作业指导书等；与过程相关的资源，如需要新增的气象观测设备、观测人员的培训等。资源配置时，应充分考虑《人力资源管理控制程序》《储备供应控制程序》的要求，并予以满足。

(3)为确保气象观测质量管理体系有效运行，观测处组织大探中心、信息中心和盟(市)气象局的业务主管部门定期或不定期组织检查、验证，以证实全区气象观测业务运行符合有关要求和目标。

(4)确保内蒙古自治区气象局及有关直属单位、盟(市)气象局和旗(县、市、区)气象局/台站为气象观测数据提供过程及气象观测服务满足要求提供的证据，保存所需的记录。

2.7.1.3 观测业务运行的控制

观测处组织内蒙古自治区气象局相关处室、有关直属单位、盟(市)气象局、旗(县、市、区)气象局/台站对影响气象观测业务的过程进行策划，建立并执行《业务规划与管理控制程序》，确保影响观测业务运行的所有流程和环节得到控制，包括对所用的气象观测设备、所依据的执行文件、方法、人员和有关辅助材料、公用设施、环境条件和测试(简称：人、机、料、法、环、测)(又称 5M1E 六要素)等要素进行适宜控制，使各个过程按照规定的方法和顺序在受控状态下进行。

内蒙古自治区气象局相关处室、有关直属单位、盟(市)气象局、旗(县、市、区)气象局/台站在各自的职责和权限范围内，通过以下几个方面控制气象观测业务运行：

(1)在运作过程中应获得有关气象观测业务质量特性的信息，并根据观测业务作业的复杂程度和重要程度，以及有关观测业务人员的技能水平等因素，编制开展观测业务活动的作业指导书，并组织实施；

(2)大探中心组织指导盟(市)气象局、旗(县、市、区)气象局/台站配置相关设施，并使用诸如运行监控平台等合适的监视和测量设备，对这些设备运行状况进行监视。同时，确保监控平台运行正常；

(3)在观测业务实现过程的适当阶段，实施监控、检查，保证观测业务按照相关规定运行；

(4)应提供必要的基础设施，保持适宜的过程运行环境，并对相关设备和基础设施进行定期维护保养和维修；

(5)配备胜任的人员，包括人员所要求的资格；

(6)当气象观测业务活动的输出不能由后续的监视或测量加以验证，应对气象观测业务运行过程实现策划结果的能力(如观测方法、设备运行状况、人员能力等)进行确认，并定期再确认；

(7)积极采取措施防止人为错误；

(8)实施气象观测数据信息传输放行、交付和交付后的活动控制，包括：气象观测数据标识和可追溯性、监测数据的防护、对气象观测数据更改的控制等。

2.7.1.4 识别和确定观测业务产品与服务的要求

(1)保持沟通

为了确保观测业务的顺利进行，内蒙古自治区气象局办公室负责建立相关沟通渠道，实现内蒙古自治区气象局政策及相关信息的内外部沟通；内蒙古自治区气象局相关处室负责相关方面信息的内外部沟通，有关直属单位、盟(市)气象局、旗(县、市、区)气象局/台站负责本单位相关信息的内外部沟通，沟通实施过程中执行《沟通管理控制程序》。具体内容如下：

1)观测产品信息。即在向用户提供气象观测数据信息前，首先获取用户对内蒙古自治区气象局提供的气象观测数据产品的详细要求都有哪些(包括：交付数量、交付时间、交付质量、疑误数据处理等)，充分了解用户的需求和期望；

2)观测业务发展规划信息；

3)观测业务日常的运行信息；

4)用户(部门)的反馈信息。

(2)观测业务数据要求的确定

内蒙古自治区气象局、盟(市)气象局、旗(县、市、区)气象局/台站的观测部门应了解用户对于提供的观测业务数据信息的要求，这些要求主要体现为：气象观测数据信息提供的代表性、完整性、准确性、比较性和及时性。

(3)气象观测业务数据的评审

信息中心、盟(市)气象局、旗(县、市、区)气象局/台站负责在提供观测业务数据之前对有关数据信息进行评审和确认，评审时应确保：

1)气象观测信息数据能满足用户要求(即全面、准确、及时等)；

2)在提供过程中与用户提出的不一致的有关要求已经得到解决；

3)建立和保持对气象观测数据信息的评审、确认记录和证据。

2.7.1.5　科研开发管理

内蒙古自治区气象局观测业务的科技研发，主要指观测业务系统的新课题、新项目、新作业方式等的设计开发，是通过科学试验，研究出满足用户和相关方要求的、具有创新性的观测业务产品，为了对研发过程进行有效控制，内蒙古自治区气象局由预报处编制《气象观测业务科研开发控制程序》并组织有关直属单位、盟(市)气象局、旗(县、市、区)气象局/台站开展科技研发项目实施工作。

(1)观测业务的科技研发控制的主要要求和过程：

1)研发项目申报；

2)研发项目立项；

3)研发项目的建设/实施；

4)研发项目的验收；

5)研发项目的业务化应用或成果转化；

6)研发项目的鉴定、确认和投入使用等。

(2)对上述观测业务科技研发的 6 个过程由预报处或承担研发项目的直属单位组织配合，按照《气象观测业务科研开发控制程序》文件里规定的程序要求对全部过程进行控制。

2.7.1.6　建设项目管理

(1)总则

通过制定明确的规范和流程，对内蒙古自治区气象局气象观测业务相关的软硬件项目建设包括立项、建设、验收等相关过程进行控制和管理，以规避或消除相应的风险，确保项目建设实现预期结果。

(2)管理要求

1)需求分析收集。根据气象观测业务发展需要，由项目实施方提出建设需求，报项目审批方；

2)立项审批。项目实施方根据要求编写项目可行性研究报告，报项目审批方进行审批；

3)项目实施。项目实施方按照项目审批方批复的实施方案，组织项目建设，并及时向上级管理部门报告项目实施进度；

4)项目试运行。项目建设完成后，由项目实施方按照相关要求组织开展项目试运行工作，并编写项目试运行报告；

5)项目验收。项目试运行结束后，由项目实施方准备各类验收材料，并向项目审批方提交验收申请，项目审批方对项目实施方提交的验收材料进行审查，达到验收要求后，由项目审批方组织对项目进行验收；

6)日常监管。项目监管方持续跟踪项目运行情况，并按照相关要求开展项目检查、考核、评估工作，做好留痕和记录；

7)有关项目建设的控制，执行《气象观测业务建设控制程序》文件。

2.7.1.7　站网管理

(1)站网管理的内容包括：观测站网规划设计、观测站的新建、搬迁和撤并、无线电频率申请、气象探测环境保护等；

(2)由观测处负责组织全区气象观测站网建设、升级改造、无线电频率申请和探测环境保护等管理工作，负责制定站网管理相关程序文件，大探中心、信息中心、盟(市)气象局、旗(县、市、区)气象局/台站严格按照相关规定要求开展工作；

(3)有关站网管理的要求，按照《站网规划控制程序》《气象探测环境保护控制程序》和《气象观测站迁建撤控制程序》文件执行。

2.7.2　装备业务质量管理

2.7.2.1　总则

(1)内蒙古自治区气象局装备业务质量管理主要包括：储备供应管理、维护维修管理、运行监控管理、标定与定标管理、计量检定管理、装备运行质量通报等6个方面的内容；

(2)观测处为该业务的主管部门，大探中心为主要实施部门，负责组织、制定相关的程序文件，并组织盟(市)气象局、旗(县、市、区)气象局/台站编制本部门的作业指导书，并严格按照规范性文件要求开展各项装备业务工作。

2.7.2.2　储备供应管理

(1)观测处负责对全区气象观测设备供应业务监督、考核，制定相关程序文件和规范性文件，并组织大探中心实施；

(2)大探中心组织全区范围内气象观测业务装备的采购、管理和调拨；

(3)盟(市)气象局、旗(县、市、区)气象局/台站负责组织本区域、相应权限范围内的气象观测设备的采购、管理和调拨等工作；

(4)储备供应包括有关装备计划编报、采购、仓储物资管理、储备库设施环境管理等内容；

(5)有关储备供应管理工作，按照《储备供应控制程序》和《外部供方管理控制程序》文件执行。

2.7.2.3　维护、维修管理

(1)观测处负责组织全区气象观测设备和气象信息网络设备的维护、维修等业务管理工作，制定相关程序文件和规范性文件，并组织大探中心、信息中心、盟(市)气象局和旗(县、市、

区)气象局/台站实施;

(2)盟(市)气象局、旗(县、市、区)气象局/台站负责组织本区域权限范围内的气象观测设备和气象信息网络设备的维护、维修等业务管理;

(3)盟(市)气象局、旗(县、市、区)气象局/台站负责协助大探中心做好本辖区气象观测设备维护、维修工作,并保存相关工作记录;

(4)气象观测设备维护、维修工作按照《气象观测设备维护控制程序》《气象观测设备维修控制程序》《气象观测设备运行监控控制程序》等文件执行。

2.7.2.4 装备运行监控管理

(1)观测处负责组织大探中心开展全区气象观测设备的运行监控和评估工作。组织编制《气象观测设备运行监控控制程序》和《气象观测设备运行质量评估及通报控制程序》等规范性文件和相关作业指导书;

(2)大探中心负责定期/不定期对全区气象观测设备运行状况进行分析、评估、通报;

(3)盟(市)气象局、旗(县、市、区)气象局/台站依据《气象观测设备运行监控控制程序》和《气象观测设备运行监控台站级作业指导书》文件要求对本辖区气象观测设备进行监控。

2.7.2.5 标定与定标管理

(1)观测处负责组织全区新一代天气雷达定标、L波段探空雷达标定和自动土壤水分观测设备田间标定的业务管理工作,组织编制《气象观测设备标定与定标控制程序》《L波段探空雷达标定作业指导书》和《新一代天气雷达定标台站级作业指导书》等规范性文件;

(2)大探中心负责全区新一代天气雷达定标、L波段探空雷达标定和自动土壤水分观测设备田间标定相关工作;

(3)盟(市)气象局、旗(县、市、区)气象局/台站负责本辖区自动土壤水分观测设备田间标定工作,并配合大探中心完成本辖区新一代天气雷达定标、L波段探空雷达标定工作。

2.7.2.6 计量检定管理

(1)观测处负责组织全区气象观测设备计量检定管理工作,组织编制《气象观测设备计量检定控制程序》规范性文件;

(2)大探中心负责建立计量标准和保持量值标准,依据《气象观测设备计量检定控制程序》实施全区计量检定业务;

(3)盟(市)气象局和旗(县、市、区)气象局/台站依据《气象观测设备计量检定控制程序》文件要求,配合完成本辖区气象观测设备计量检定的相关工作。

2.7.2.7 装备报废管理

(1)计财处负责内蒙古自治区气象局国有资产的监督管理;

(2)相关处室、有关直属单位、盟(市)气象局、旗(县、市、区)气象局/台站依据资产管理有关规定组织实施气象观测设备报废工作,并建立相关证据。必要时,上报上级主管部门审批。

2.7.2.8 装备运行质量通报

(1)观测处负责组织全区气象观测设备运行质量考核通报管理工作,组织编制《气象观测设备运行质量评估及通报控制程序》;

(2)大探中心依据《气象观测设备运行质量评估及通报控制程序》和《气象观测设备运行质量评估及通报作业指导书》文件要求,按时制作、发布全区气象观测设备运行状况评估报告;

(3)盟(市)气象局、旗(县、市、区)气象局/台站依据《气象观测设备运行质量评估及通报控制程序》文件，核查本辖区气象观测设备运行状况，并对存在问题及时整改。

2.7.3 数据业务质量管理

2.7.3.1 总则

观测处负责组织全区气象观测数据采集、传输、存储、质量控制、数据服务等管理工作，负责组织编制《数据采集控制程序》《数据传输及监控控制程序》《数据质控控制程序》和《数据存储及数据服务控制程序》等规范性文件，并监督指导信息中心、盟（市）气象局和旗（县、市、区）气象局/台站依据《数据采集控制程序》《数据传输及监控控制程序》《数据质控控制程序》和《数据存储及数据服务控制程序》文件要求实施。

全区气象观测数据业务的质量管理过程应与全区气象观测数据的获取、质量控制、诊断勘误、数据存储、产品制作、用户反馈等过程相结合，涵盖自治区、盟（市）、台站三级。

2.7.3.2 获取监视

(1)旗（县、市、区）气象局/台站依据《数据采集控制程序》《新一代天气雷达数据采集作业指导书》《高空气象观测数据采集作业指导书》《地面气象观测数据采集作业指导书》《气溶胶数据采集作业指导书》《自动土壤水分数据采集作业指导书》《GNSS/MET 数据采集作业指导书》和《酸雨数据采集作业指导书》等规范性文件，开展本辖区气象观测数据采集、监视工作，并留存相关记录；

(2)旗（县、市、区）气象局/台站负责对人工采集的气象观测数据特性（代表性、完整性、全面性、比较性等）在录入系统前进行核对检验，并建立相关证据。

2.7.3.3 质量控制

(1)观测处负责组织气象观测数据质量控制管理工作，组织编制《数据质控控制程序》规范性文件，并建立相关质量控制证据；

(2)信息中心根据《数据质控控制程序》和《数据质量控制作业指导书》文件，对全区各气象观测站上传的气象观测数据进行质量控制，并上传至国家气象信息中心，分发相关业务单位。

2.7.3.4 诊断勘误

(1)观测处负责组织对气象观测数据的诊断勘误管理，组织信息中心对气象观测数据进行诊断分析，对疑误数据进行勘误，并建立数据诊断分析和疑误数据的勘误记录；

(2)旗（县、市、区）气象局/台站负责配合信息中心对气象观测数据的诊断分析和疑误数据的勘误工作。必要时，按照《数据质控控制程序》《不合格管理控制程序》等规范性文件的要求进行返工、补录或重新采集等工作，并建立相关证据。

2.7.3.5 数据存储

(1)观测处负责组织编制《数据存储及数据服务控制程序》规范性文件，组织信息中心、盟（市）气象局、旗（县、市、区）气象局/台站实施数据存储的控制工作，并建立相关存储证据；

(2)信息中心、盟（市）气象局、旗（县、市、区）气象局/台站根据中国气象局下发的《数据库系统设计及实施方案书》和《数据库逻辑结构设计——地面分册》等规范的要求进行数据存储；

(3)信息中心负责监视本中心核心机房运行情况，每天定期监视机房温、湿度及各服务器运行情况；每天分班次对各业务系统进行检查，并进入机房进行巡视工作，保证机房中各业务系统正常稳定运行；每天检查“气象观测资料业务系统制作平台”（以下简称“MDOS”）和相关数据，检查服务器、网络连接情况，检查数据库服务状态，检查数据库监听状态是否正常，检查数据库服务器资源消耗情况；

(4)盟(市)气象局、旗(县、市、区)气象局/台站根据自身情况做好机房运行状态的维护,保证机房中各业务系统正常稳定运行。

2.7.3.6　数据服务

(1)对内数据服务由内部用户通过申请注册的形式向信息中心提交《数据使用申请表》,经信息中心审批后,通过 MUSIC 接口对其提供数据共享服务;

(2)对外数据服务按照《中华人民共和国气象法》《涉外提供和使用气象观测资料审查管理规定》《气象观测资料共享管理办法》等文件,根据用户需求提供数据服务。

2.7.3.7　用户反馈

(1)建立用户反馈机制。通过此机制不断完善内蒙古自治区气象局气象观测数据的质量和数据服务的针对性与有效性,改善服务态度,提高服务质量,充分满足用户的要求,接受用户的监督,以保证内蒙古自治区气象局气象观测质量目标的实现;

(2)观测处组织编制《用户反馈及满意度控制程序》规范性文件,定期策划并开展用户满意度调查活动,信息中心、盟(市)气象局、旗(县、市、区)气象局/台站参与满意度调查工作;

(3)观测处组织与外部用户联系沟通,组织处理用户的反馈与投诉,并保存相关记录;

(4)按照中国气象局相关直属单位和内设机构对用户反馈的有关要求,观测处组织用户反馈资料的收集、整理、上报工作。

2.8　支撑过程描述

2.8.1　业务准入和退出管理

2.8.1.1　总则

按照《气象观测业务运行准入和退出管理办法》的要求,内蒙古自治区气象局观测处负责组织制定《业务运行准入与退出控制程序》,并指导、督促大探中心、信息中心、盟(市)气象局、旗(县、市、区)气象局/台站按照相关程序进行业务准入、退出控制。

2.8.1.2　准入管理

业务运行准入是指气象观测业务在具备业务化运行条件后,经审批纳入全国综合气象观测网进行业务运行管理的机制。一是该观测业务虽已在全国综合气象观测网正式开展,但出现新增观测站点或站点迁移、更新气象观测设备等情形时需实行业务运行准入;二是对首次纳入全国综合气象观测网开展业务运行管理的观测业务实行准入。

2.8.1.3　退出管理

业务运行退出是指已纳入全国综合气象观测网业务运行管理的观测业务,经审批正式退出业务运行管理的机制。

2.8.1.4　业务运行准入和退出管理

(1)内蒙古自治区气象局审核、上报观测业务运行准入和退出申请;

(2)业务运行准入的观测项目,应当执行中国气象局统一颁布的业务技术规范并参加业务质量考核;

(3)经批准业务运行的观测项目,应多渠道筹措经费,配备相应气象观测设备,建立稳定的业务运行维持经费和装备保障机制;

(4)观测业务经批准退出业务运行后,要按照固定资产管理有关规定处置相关设施设备,核减相关维持经费。

2.8.2 标准规范管理

2.8.2.1 总则

政策法规处会同观测处负责与全区气象观测业务有关的法律法规、标准规范体系的控制，制定《标准规范控制程序》，明确观测业务标准化体系的管理要求，并监督指导大探中心、信息中心、盟(市)气象局、旗(县、市、区)气象局/台站按照法律法规、标准规范实施作业。

2.8.2.2 标准规范化管理内容

标准规范的管理内容包括以下几个方面：

(1)标准、规范收集途径及记录；

(2)适用标准、规范的识别与保管；

(3)标准、规范的传达；

(4)标准、规范符合性监测；

(5)标准、规范的变更；

(6)标准、规范的修订。

2.8.2.3 标准、规范体系管理要求

(1)由政策法规处组织，观测处、大探中心、信息中心、盟(市)气象局、旗(县、市、区)气象局/台站配合实施观测业务标准、规范体系管理和控制。

(2)内蒙古自治区气象局气象观测业务标准、规范体系管理按如下执行：

1)国家、中国气象局、地方政府下发的有关观测业务的法律法规、技术标准等，凡要求内蒙古自治区气象局及盟(市)气象局和旗(县、市、区)气象局/台站直接采用和执行的应纳入标准化体系中；

2)观测处编制的相关观测业务技术标准、操作规范，大探中心、信息中心、盟(市)气象局和旗(县、市、区)气象局/台站直接采用和执行的应纳入标准化体系中；

3)盟(市)气象局、旗(县、市、区)气象局/台站编制的本区域相关的气象观测业务技术标准、操作规范，应纳入到标准化体系中。

(3)政策法规处指导和监督内蒙古自治区气象局相关处室、有关直属单位、盟(市)气象局和旗(县、市、区)气象局/台站建立并动态化更新气象观测业务标准规范体系，确保各个现场执行的相关法律法规、技术标准、操作规范准确有效。各部门、各单位建立和保持标准化资料目录。

(4)有关气象观测业务标准、规范体系管理的内容，大探中心、信息中心、盟(市)气象局、旗(县、市、区)气象局/台站按照《标准规范控制程序》执行。

2.9 质量管理体系监督、检查

2.9.1 日常运行监控检查

观测处组织制定《质量目标指标分解及考核控制程序》及相关的日常监督、检查制度，并组织各部门/单位开展日常运行过程中的监控、检查。通过以下方式开展全区气象观测质量体系日常运行的监控、检查：

(1)对各部门过程绩效目标、指标进行考核监控；

(2)定期或不定期召开全局数据质量、业务运行质量分析会；

(3)开展用户满意度调查，收集、汇总、分析用户反馈信息；

(4)各单位体系主管部门对本部门体系运行情况进行不定期检查或监督抽查，并保留相关检查的证据；

(5)由观测处对内蒙古自治区气象局气象观测质量管理体系日常运行过程中发生的不合格情况进行处置和控制，对发生的不合格输出，采取分级、分层处置。

对于日常监控发现的不合格输出，执行《不合格管理控制程序》具体规定。

2.9.2　内部审核

由观测处组织制定并实施《内部审核控制程序》，按照策划的时间间隔通过内审来衡量内蒙古自治区气象局气象观测质量管理体系是否符合业务要求、标准要求、文件、用户、相关方及法律法规要求，是否有效的实施和保持。

内蒙古自治区气象局气象观测质量管理体系内审的策划及实施：

(1)内部审核：由观测处负责总体组织及策划，每年开展一次内审，经观测处推荐的内审组长，并报内蒙古自治区气象局管理者代表批准，负责制定详细的内审实施计划。审核计划(包括时间)应基于被审核活动和区域的状况，重要性及以往审核的结果，规定审核目的、范围、频次和方法；

(2)组织开展内审：由内审组组长负责组织内审员按照内审实施计划的要求，对内蒙古自治区气象局相关处室、大探中心、信息中心、盟(市)气象局和旗(县、市、区)气象局/台站进行审核，并将每次开展内部审核的结果和相关记录报告观测处，由观测处保留内部审核所有证据；

(3)有关开展内部审核的要求，执行《内部审核控制程序》文件的具体规定。

2.9.3　管理评审

管理评审是由管理者代表组织开展气象观测质量管理体系的一种有效监控和评价形式，以确保气象观测质量管理体系持续的适宜性、充分性和有效性，并与内蒙古自治区气象局的战略方向一致。为此，观测处组织制定并实施《管理评审控制程序》。管理评审活动的策划及实施：

(1)管理评审：由管理者代表主持，一般情况下每年至少进行一次，在全区内审完成后由观测处向管理者代表提请召开管理评审专题会议，观测处负责在管理评审之前制定管理评审计划，报管理者代表审核，经最高管理者(内蒙古自治区气象局局长及局领导层)批准后实施；

(2)管理评审证据由观测处负责建立和保留；

(3)有关开展管理评审的要求，执行《管理评审控制程序》的具体规定。

2.10　质量管理体系运行有效性评价

最高管理者(内蒙古自治区气象局局长及局领导层)为了确保能够定期获得适当的数据和信息以评价管理体系运行符合性及有效性，同时为了能够及时识别体系改进的需求并推动不断循环的持续改进、以持续提升管理体系绩效，建立了对管理体系的运行结果进行系统化评价的机制。

管理体系的监测、分析评价与改进机制主要包括：定期绩效(质量目标)监测、定期业务例会、用户满意度调查、内部审核及管理评审等涵盖不同层级、不同频次的多种具体实施形式，并分别建立了《用户反馈及满意度控制程序》《考核评估控制程序》《质量改进控制程序》《内部审核控制程序》《管理评审控制程序》等相关规范性文件予以指导、管理和控制表 2.2。

表 2.2　质量管理体系运行有效性评价形式一览表

<table>
<tr><th>监测评价形式</th><th>频次</th><th>主要的输入</th><th>主要的输出</th><th>牵头部门</th><th>对应程序文件</th></tr>
<tr><td>绩效监测</td><td>月度</td><td>·目标指标管理表
·绩效指标达成情况</td><td>·观测业务质量月度报告</td><td>观测处</td><td rowspan="3">《质量目标指标分解及考核控制程序》《用户反馈及满意度控制程序》</td></tr>
<tr><td>业务例会</td><td>季度</td><td>·上次业务例会决议事项的落实情况
·当季度各月质量报告
·所识别的改进机会</td><td>业务例会会议纪要
各部门改进计划及跟踪验证记录</td><td>观测处</td></tr>
<tr><td>用户满意度监测</td><td>年度</td><td>·用户满意度调查问卷
·数据用户日常反馈</td><td>年度满意度汇总报告</td><td>观测处</td></tr>
<tr><td>内部审核</td><td>年度</td><td>·管理体系运行情况</td><td>·内部审核报告
·不合格项报告</td><td>管理者代表</td><td>《内部审核控制程序》</td></tr>
<tr><td>管理评审</td><td>年度</td><td>·各部门年度工作总结（含质量目标及重点任务达成情况）
·内审及外审情况
·数据用户满意度及日常反馈情况
·外供方的绩效表现
·各部门对资源的需求
·以往管理评审所提改进措施的实施情况
·战略发展规划在本年度的实现情况</td><td>·管理评审报告或管理评审会议纪要
·体系适宜性评价结果
·体系变更或调整的事项
·资源配备或调整的事项
·各部门改进计划及跟踪验证记录</td><td>最高管理者</td><td>《管理评审控制程序》</td></tr>
</table>

2.11　质量管理体系改进控制

内蒙古自治区气象局建立全方位的监督、检查改进系统，基于局务会、局长办公会、专题协调会议、月例会、专题调研、专项检查、工作总结、财务审计、用户反馈、用户满意度调查、绩效考核、内部审核、管理评审等监督、检查结果，并采用适当的数据分析、统计技术，发现潜在风险，及时采取纠正措施，持续改进气象观测质量管理体系。

内蒙古自治区气象局通过满足用户、相关方要求及应对未来的需求和期望，不断改进观测业务质量。通过采取纠正措施、预防措施、减少不利影响、突破性变革、创新、持续改进等活动，确定和选择改进机会，采取必要措施，改进内蒙古自治区气象局气象观测质量管理体系的绩效和有效性，以持续满足用户要求和提升用户满意度。

内蒙古自治区气象局制定了《纠正措施控制程序》和《质量改进控制程序》，观测处负责组织各部门、各单位开展日常的质量体系的改进活动，并负责重大纠正措施的跟踪验证。

第 3 章　内蒙古自治区气象局观测质量管理体系程序文件

3.1　体系总体规划控制程序

3.1.1　目的

对内蒙古自治区气象局气象观测质量管理体系进行总体规划和控制，确保内蒙古自治区气象局所属各单位及相关场所建立的气象观测质量管理体系得到有效运行和实施。

3.1.2　范围

适用于内蒙古自治区气象局气象观测质量管理体系的总体规划和控制。

3.1.3　术语

(1)气象观测质量管理体系

为确保气象观测数据(完整、连续、及时、准确等方面的特性)持续满足相关要求，由所涉及的方针、目标、业务流程、组织架构、职责、制度、资源等相互关联、相互作用的要素所构成的有机整体。

(2)质量手册

描述质量管理体系结构和要求的纲领性文件，是对一个组织建立质量管理体系的总体概括性描述，是质量战略的体现，是实施质量管理体系的基础。其目的在于提供一套执行与维持质量管理体系正常运作有效性、适宜性的基本指导纲要原则，建立与程序文件衔接的桥梁，是内蒙古自治区气象局质量管理体系的第一层次文件，用 QM 标识。

(3)程序文件

规定某项活动或过程的目的、要求和方法的文件，是将作业内容通过流程步骤和先后顺序加以说明，以利于各项工作的实施和管理。其目的在于规范质量管理过程，促使内蒙古自治区气象局所有与气象观测业务质量、交付和服务有关的过程得到明确规定，是质量管理体系的第二层次文件，用 QP 标识。

(4)工作指导文件

规定某项具体工作的方法、要求和标准的文件，是在质量管理体系中有效地实施、执行及完成某一工作，将每一项动作的基准加以详细地说明的成文信息，包括适用范围、仪器设备、方法或方式及人员、时间、地点等详细说明的步骤，便于第一线的作业者或操作者或监督检查者参考使用，以免发生错误或因人的理解能力不同而有所差异，造成质量管理体系运行之有效性和适宜性有所偏差而未能达成质量目标和质量方针。其目的在于规范作业的质量管理活动，并具体指出与质量有关的作业指导和要求，将程序文件中未表述清楚的部分详加说明，是质量管理体系的第三层次文件，用 QI 标识。

(5)工作记录

证明质量管理体系有效运行和作为质量管理体系改进分析依据的特殊文件。是为记录有关质量管理体系实施和执行及维持体系运作的见证资料所使用的空白表单/表格，在此表单/表格记录相关信息和资料后，可作为确保和证明满足质量要求的程度或为质量管理体系要素运行的有效性提供客观和有力的证据，是质量管理体系的第四层次文件，用 QF 标识。

3.1.4 职责

内蒙古自治区气象局(以下简称“区局”)局长负责区局气象观测质量方针和质量目标的制定工作，负责确定区局 QMS 覆盖的范围；并确保区局质量管理体系相关的职责、权限得到分配、沟通和理解。

管理者代表负责区局质量管理体系的设计规划，确保区局质量管理体系符合 ISO9001：2015 标准要求，确保在策划和实施区局质量管理体系变更时保持其完整性。

观测与网络处是本程序的归口管理部门。负责区局质量管理体系的策划、建立和完善；负责过程的识别和确定；负责牵头组织编写区局《质量手册》和相关程序文件；对区局质量管理体系运行情况实施监督、检查。

区局相关处室、有关直属单位、盟(市)气象局、旗(县、市、区)气象局/台站负责质量管理体系的实施、贯彻和落实，负责本单位相关过程目标的建立和测评。

3.1.5 工作程序

3.1.5.1 职责权限的分配

(1)依据《中国气象局气象观测质量管理体系总体框架》要求，区局局长确定区局质量管理体系覆盖的范围，明确质量管理体系涵盖的区局相关处室、有关直属单位、盟(市)气象局、旗(县、市、区)气象局/台站；

(2)为了区局质量管理体系的顺利推进，区局局长依据全区气象观测及相关业务运作的要求，赋予区局所属单位在质量管理体系中承担的职责和权限，形成“过程职能分配表”。

3.1.5.2 质量方针和质量目标的建立

(1)为了更好地实施质量管理体系，区局局长应组织制定、实施和保持气象观测质量方针，以文件形式发布实施。

1)质量方针在内容上应满足：适应区局的宗旨和环境并支持其战略方向；为建立质量目标提供框架；适用要求的承诺；持续改进质量管理体系的承诺。

2)质量方针应得到沟通，包括：可获取并保持成文信息；在组织内得到沟通、理解和保持；适宜时，可为有关相关方所获取。

(2)区局应在质量方针的框架内对各职能层次及过程建立质量目标和考核方法，编制《质量目标指标分解及考核控制程序》予以规定。

3.1.5.3 质量管理体系过程的确定

依据《中国气象局气象观测质量管理体系总体框架》和《内蒙古自治区气象局气象观测质量管理体系建设方案》要求，由观测与网络处牵头，对区局气象观测相关业务过程进行梳理，识别并确定质量管理体系所需的过程，确定过程先后顺序和其相互作用及其在区局质量管理体系中的应用，以质量手册、程序文件、工作指导文件规定过程运行所需的准则和方法。

3.1.5.4　质量管理体系文件的策划

(1)为保证区局质量管理体系的有效保持和运行,区局质量管理体系文件分为质量手册、程序文件、工作指导文件、工作记录四个层级,应编制《文件控制程序》和《记录控制程序》予以规定;

(2)观测与网络处牵头组建文件编写小组编写区局质量管理体系文件,经审批后发布实施;

(3)区局相关处室、有关直属单位、盟(市)气象局、旗(县、市、区)气象局/台站应组织对区局质量管理体系文件进行多种形式的培训学习,充分理解区局质量管理体系文件的规定和要求,在实际的气象观测业务及相关活动中严格遵照执行。

3.1.5.5　应对风险和机遇的措施

(1)区局在建立和实施质量管理体系时,应考虑内、外部因素及相关方的需求和期望,识别和确定质量管理体系相关过程运行需要应对的风险和机遇,并规定风险和机遇的应对措施,制定区局质量管理体系"风险和机遇一览表"。

(2)区局相关处室、有关直属单位、盟(市)气象局、旗(县、市、区)气象局/台站应对本单位涉及过程中的风险和机遇进行识别和确定,规定风险和机遇的应对措施。若涉及过程由相应的程序文件进行规定,则在相应的程序文件中明确"过程中的风险和机遇的控制"要求。

3.1.5.6　监视与测量的策划

(1)区局质量管理体系监视和测量的范围:

1)气象观测数据;

2)气象观测业务及相关过程和活动;

3)用户满意度;

4)质量目标及其他绩效指标;

5)质量管理体系运行情况;

6)其他需要监视测量的情况。

(2)区局相关处室、有关直属单位、盟(市)气象局、旗(县、市、区)气象局/台站根据本单位需要监视测量的对象选择适宜的方法进行监视和测量,如检查、检验、检定、校对、考核、内部审核等,并适当地保留监视和测量的结果记录。

3.1.5.7　分析、评价与改进的策划

(1)区局相关处室、有关直属单位、盟(市)气象局、旗(县、市、区)气象局/台站应对本单位监视和测量获得的数据和信息进行分析和评价,确定和选择改进机会,并采取必要措施,以确保区局质量管理体系持续的适宜性、充分性和有效性。

(2)区局每年至少组织一次管理评审,评价区局质量管理体系运行情况,以确保其适宜性、充分性和有效性,并与区局的战略方向保持一致。应编制"管理评审控制程序"予以规定。

3.1.5.8　质量管理体系变更的策划

(1)区局质量管理体系发生变更时,如发生质量管理体系范围增加或减小、质量管理体系组织机构变更等情况时,区局应对变更事先进行策划,并应保持质量管理体系的完整性。

(2)在对质量管理体系的变更进行策划时,应考虑变更的目的及其潜在后果、资源的可获得性、职责权限的分配或再分配等因素。

3.1.6 过程绩效的监视和考核

目标名称	计算公式或方法	目标值	考核频次	监视部门
确保质量管理体系变更的完整性	评价变更事项对质量管理体系完整性的影响	确保质量体系完整	每年	管理层

3.2 风险和机遇识别控制程序

3.2.1 目的

对内蒙古自治区气象局气象观测质量管理体系及其过程中需要应对的风险和机遇进行识别与评估，并策划和规定风险应对措施，以降低或消除不利影响，增强有利影响。

3.2.2 范围

适用于内蒙古自治区气象局气象观测质量管理体系及其过程中需要应对的风险和机遇的控制，包括风险的识别、评估及风险控制措施的制定。

3.2.3 术语

(1)风险

气象观测及相关业务的策划、实施、监测和改进过程中的不确定性的影响，可以是正面的，也可以是负面的。当“风险”和“机遇”被一起使用时，“风险”指负面的不确定性。

(2)风险识别

指通过识别风险源、影响范围、事件及其原因和潜在的后果等，确定存在的风险的过程。风险识别不仅要考虑有关事件可能带来的损失，也要考虑其中蕴含的机会。除识别可能发生的风险事件外，还要考虑其可能的原因和可能导致的后果。不论风险事件的风险源是否在区局质量管理体系的控制之下，或其原因是否已知，都应对其进行识别。此外，要关注已发生的风险事件，特别是新近发生的风险事件。

(3)风险评估

包括风险识别、风险分析和风险评价的全过程。

3.2.4 职责

区局局长对区局质量管理体系及其过程中需要应对的风险评估工作负有领导责任，审批重大风险和机遇应对措施。

观测与网络处牵头组织区局质量管理体系及其过程的风险评估工作，监督区局相关处室、有关直属单位、盟(市)气象局、旗(县、市、区)气象局/台站涉及过程的风险评估工作，监督检查区局相关处室、有关直属单位、盟(市)气象局、旗(县、市、区)气象局/台站对风险应对措施的实施。

区局相关处室、有关直属单位、盟(市)气象局、旗(县、市、区)气象局/台站负责本单位涉及过程的风险评估工作，制定并实施本单位涉及过程的风险控制措施。

3.2.5 工作程序

3.2.5.1 风险识别

(1)观测与网络处通过对气象观测环境分析，包括内、外部因素的分析、相关方及其需求和期望的分析，确定可能对气象观测质量目标产生重大影响的风险源、影响范围、事件及其原因和潜在的后果，识别出区局层面可能面临的风险和机遇。

(2)区局相关处室、有关直属单位、盟(市)气象局、旗(县、市、区)气象局/台站通过对与本单位有关的内、外部因素分析，结合用户、外部供方、合作伙伴等利益相关方要求，识别本单位所涉及过程面临的风险和机遇。

(3)风险和机遇的识别应包括但不限于以下方面：

1)对气象观测业务适用的法律法规、用户要求的变更造成的风险和机遇；

2)科研项目、新项目、新技术、新用户等带来的风险和机遇；

3)仪器设备等发生故障对观测质量造成的风险以及仪器设备改造、升级带来的机遇；

4)人员能力、意识等对观测质量造成的风险和机遇；

5)作业人员的突然短缺或调配不当导致的气象观测业务不符合风险；

6)组织知识、技术措施等带来的风险和机遇；

7)自然环境变化的风险和机遇；

8)城市规划、城市建设导致的气象观测质量风险和机遇；

9)沟通的风险和机遇；

10)其他方面的风险和机遇。

3.2.5.2　风险分析

区局相关处室、有关直属单位、盟(市)气象局、旗(县、市、区)气象局/台站对本单位已识别的风险进行分析，可采用一定的统计方法或者根据经验分析，重点分析风险发生的可能性及引起后果的严重程度。

3.2.5.3　风险评价

根据分析结果评价风险类别，包括重要风险和一般风险：

(1)对于可能造成严重后果的风险和(或)发生频次高的风险，均为重要风险，是必须加以管理和控制的风险；

(2)对于可能造成轻微后果，不会引起重大质量事故、用户投诉、资金损失、人身安全事故等负面情况的风险，或者几乎不可能发生的风险，均为一般风险，可不予管理和控制。

3.2.5.4　风险应对

(1)观测与网络处组织对重要风险进一步评估，应确定重要风险应对措施，以消除或降低负面影响，并纳入区局“风险和机遇及控制措施清单”进行应对管理；

(2)对于产生负面影响的风险应对方式包括：消除风险、规避风险、降低风险、接受风险；

(3)对负面影响的风险所采取的措施应尽可能考虑消除风险，在无法消除或暂无有效的方法，或者采取消除风险的方法成本高于风险存在造成的损失时，再选择降低风险或接受风险的应对方式。

3.2.5.5　机遇应对措施

对于那些能够带来正面影响的发展机遇，经评价属于重要风险的，应纳入区局“风险和机遇及控制措施清单”，由观测处组织制定促进措施，并监督实施，以进一步提升气象观测业务绩效。

3.2.5.6　风险和机遇的评审

(1)区局相关处室、有关直属单位、盟(市)气象局、旗(县、市、区)气象局/台站每年度应至少组织一次对风险和机遇的评审，以验证其有效性。风险和机遇的评审可在区局观测质量管

理体系内审、管理评审时进行。当出现以下情况时,应适当增加风险和机遇评审的次数:

1)质量管理体系有关的法律、法规、标准及其他要求有变化时;

2)组织机构、业务范围、资源配置发生重大调整时;

3)其他认为有评审需要时。

(2)风险和机遇管理的评审应包含以下方面的内容:

1)风险和机遇的识别是否充分、有效;

2)风险应对措施落实情况;

3)风险和机遇管理对气象观测及相关业务的符合性和用户满意度的潜在影响。

3.2.5.7 风险和机遇的更新

应及时对需控制的风险和机遇(经评估的重要风险)进行更新,来源包括但不限于:新识别的风险和机遇;风险和机遇的评审结果;根据纠正措施实施情况确定的需要控制的风险和机遇。

3.2.6 过程绩效的监视和考核

目标名称	计算公式或方法	目标值	考核频次	监视部门
风险和机遇得到有效识别和评估	通过内外部审核、管理评审等加以评价	严重负面影响的风险零发生	每年	局领导

3.3 组织知识管理控制程序

3.3.1 目的

对区局气象观测及相关的知识进行管理和控制,以实现这些知识的共享、积累、有序传递和有效应用,提高区局的创新能力。

3.3.2 范围

适用于区局气象观测及相关知识的获取、积累、保存、交流和共享以及知识产权的管理。

3.3.3 术语

(1)组织知识

指内蒙古自治区气象局相关处室、有关直属单位、盟(市)气象局、旗(县、市、区)气象局/台站特有的知识,通常从经验中获得,是为实现区局总体目标所使用和共享的信息。包括内部知识、外部知识。

(2)内部知识

指来源于区局内部的、气象观测及相关业务运行过程中产生的,经过归纳整理,符合区局发展方向,有利于技术创新、提高经济效益的一系列成文信息,包括但不限于:管理知识、专业技术知识、科研成果、知识产权、成功经验总结、失败教训案例、业务改进结果、培训心得体会等。

(3)外部知识

指来源于区局之外的(国内/国外、上级/兄弟单位、行业内/外),经过归纳整理,符合区局发展方向,有利于技术创新、提高经济效益的一系列成文信息,包括但不限于:外来技术资料、学术交流、专业会议、各种气象信息、从外部相关方处收集来的知识等。

(4)知识管理

指对知识进行收集整合、积累保存、交流共享、传递应用等一系列规范的活动。

3.3.4　职责

观测与网络处负责牵头组织区局气象观测及相关知识的统筹、协调工作。

区局相关处室、有关直属单位、盟(市)气象局、旗(县、市、区)气象局/台站参与组织知识的收集和使用,做好本单位拥有的组织知识的管理。

3.3.5　工作程序

3.3.5.1　知识的收集

(1)知识收集的途径和方法

区局相关处室、有关直属单位、盟(市)气象局、旗(县、市、区)气象局/台站收集知识的途径包括但不限于:参加各种会议、因特网、报刊、调研考察、各种通信工具、接受或参与工作检查、意见箱、合理化建议、信件稿件、交谈、咨询等。

(2)内部知识的收集

区局相关处室、有关直属单位、盟(市)气象局、旗(县、市、区)气象局/台站收集与本单位有关的内部知识,包括但不限于:内部管理制度、信息公告、知识产权、科研成果、质量管理体系文件、各类资质证书、培训教材、业务手册、数据资料、仪器设备操作、业务运行过程中问题清单、整改措施、各类分析报告等方面的内部知识。

(3)外部知识的收集

1)区局相关处室、有关直属单位、盟(市)气象局、旗(县、市、区)气象局/台站收集与本单位有关的外部来源的知识,包括但不限于:国际法典、国际公约、国家法律法规,行业法规、标准、用户反馈、行业动态、相关方信息(如仪器、设备厂家信息)、院校共享信息、外部监管结果等。

2)外部信息收集流程:收集、查询、记录、接收信息→初步筛选、分类整理→领导签阅批示→传阅、贯彻、办理→归档→员工查阅利用。

3)工作人员因公外出开会、培训的文件或学习材料必须统一交派出单位/部门收文或存档。各单位、部门、个人收到的与区局气象观测有关的文件、书信必须统一交办公室。

4)区局相关处室、有关直属单位、盟(市)气象局、旗(县、市、区)气象局/台站应对外来文件、传真、电子邮件、材料、报纸刊物进行收集分类,并进行分析整理和传递利用。

3.3.5.2　信息资料整理

区局相关处室、有关直属单位、盟(市)气象局、旗(县、市、区)气象局/台站对本单位定期对收集到的组织知识信息进行整理、分析、归类、保存。

3.3.5.3　知识保存

(1)区局相关处室、有关直属单位、盟(市)气象局、旗(县、市、区)气象局/台站应指定组织知识资料保存部门/岗位,对本单位涉及的组织知识资料按照档案、文件、数据管理有关规定进行保存和管理。

(2)在对组织知识资料进行保存时,应注意防止知识资料损毁、丢失。

(3)对于涉及区局秘密的知识,如特定的质量数据、重大事故事件等,应严格保密,任何人未经批准不得以任何途径和方式外借或对外传播。

(4)各单位必须严格执行国家和区局组织知识安全保密管理的有关规定,由个人主观原因引起的信息泄密,影响国家、地区及区局安全和利益的,将追究有关人员的责任。

3.3.5.4 组织知识的分享与应用

(1)组织知识分享的机制、途径、形式：

1)健全内部信息联网；

2)完善员工培训制度；

3)建立报刊传阅制度；

4)深入开展质量管理体系改进活动；

5)举办专题理论研讨、经验交流会；

6)征集合理化建议；

7)建立传、帮、带制度；

8)建立重大信息定期通报制度；

9)规范运营管理工作程序；

10)建立知识共享激励机制。

(2)各单位对收集到的知识资料进行鉴别，确定适于应用的知识，通过沟通途径(如网站、邮箱、通告等)向本单位的人员进行分享，以不断提升技能。

3.3.5.5 组织知识的更新和持续管理

在需求和趋势发生变化时，区局相关处室、有关直属单位、盟(市)气象局、旗(县、市、区)气象局/台站应考虑现有组织知识的更新。

(1)在应对变化的需求和趋势时，必要时通过组织知识获取途径获取附加知识，以满足气象观测业务的运行和符合性。

(2)在应对变化的需求和趋势时，必要时通过组织知识获取途径获取新的组织知识，以满足气象观测业务的运行和符合性。

(3)区局相关处室、有关直属单位、盟(市)气象局、旗(县、市、区)气象局/台站每年年底应对收集到的组织知识进行重新评价，评价现有组织知识是否满足要求，如需更新或增加，则按照本程序 3.3.5.1、3.3.5.2、3.3.5.5 条款进行。

3.3.6 过程绩效的监视和考核

目标名称	计算公式或方法	目标值	考核频次	监视部门
科研项目验收归档率	实际每年验收归档的科研成果数/本年度科研项目总数×100%	95%	每年	预报处

3.4 质量目标指标分解及考核控制程序

3.4.1 目的

通过控制程序，正确制定和实施区局气象观测质量目标、过程绩效指标，提高气象观测数据质量，确保质量方针的实现。

3.4.2 范围

本程序适用于区局气象观测质量目标、过程绩效指标的制定、分解、实施、考核和分析改进等活动。

3.4.3　术语

(1)质量目标

与气象观测质量有关的目标、指标。

(2)绩效

期望的、可测量的结果。

3.4.4　职责

区局局长负责审核、批准观测与网络处组织制定的年度或阶段性的质量目标。

观测与网络处负责组织制定年度或阶段性的质量目标、重点任务；负责组织区局相关处室、有关直属单位、盟(市)气象局分解质量目标，并对其完成情况进行检查、监督、考核。

区局相关处室、有关直属单位、盟(市)气象局及旗(县、市、区)气象局/台站负责对本部门、本单位的质量目标、过程绩效指标的确定、分解、实施和考核。

3.4.5　工作程序

3.4.5.1　目标确定方式

区局气象观测质量目标、过程绩效指标的制定、实施、考核及有关工作的组织开展，采取“气象观测质量管理体系”与“气象部门目标管理”相结合的方式，即将根据气象观测质量管理体系制定的目标、指标及考核评价方式纳入气象部门目标管理体系，作为相关单位目标管理的一部分内容考核。

3.4.5.2　编制实施

(1)区局的质量目标按照中国气象局印发的《质量管理体系考核方案》中的观测相关目标、指标予以落实；

(2)观测与网络处组织区局相关处室、有关直属单位、盟(市)气象局，按照中国气象局质量体系每年的目标要求、区局的质量方针、目标管理任务、气象观测产品和服务的质量要求，充分考虑用户需求、相关方观点、意见和建议，包括对满足气象观测服务质量要求和持续改进的承诺等，确定年度或阶段性的质量目标、重点任务；同时以业务过程、管理过程、支撑过程为主线，确定各项过程的绩效考核指标，编制《全区气象部门目标管理考核实施方案》；

(3)初步确定质量目标及绩效考核指标后，经管理者代表审核，报区局局长批准；经批准后的质量目标及绩效考核指标于每年年初以正式文件印发；质量管理目标和绩效考核指标应具体、可测量；

(4)有关直属单位、盟(市)气象局每年年初结合上级部门下达的目标管理考核任务和自身工作实际，编制本部门《目标管理考核实施方案》。

3.4.5.3　考核评价

按照区局相关处室、有关直属单位、盟(市)气象局及旗(县、市、区)气象局/台站在《目标管理考核实施方案》规定的考核频次、实施部门和考核方法等信息的要求，组织做好本部门、本单位质量目标、过程绩效指标、重点任务的完成情况数据的收集、统计、分析，经本部门、本单位主要负责人审阅后，逐级上报观测与网络处备案汇总。

3.4.5.4　修订更新

(1)管理者代表每年组织有关部门、单位对质量总目标和过程绩效指标进行管理评审，发现不适宜时，组织对目标和过程绩效指标进行修订，经区局局长办公会审议通过后，下发各部门、单位及时更新；

(2)区局相关处室、有关直属单位、盟(市)气象局及对本部门、本单位的质量目标和过程绩效指标自行开展的评审修订,可依据区局管理评审情况进行,也可根据本部门、本单位质量体系运行过程中的实际情况适时进行,对质量目标和过程绩效指标的评审修订应报观测与网络处备案,并及时更新实施。

3.4.6 过程绩效的监视和考核

目标名称	计算公式或方法	目标值	考核频次	监视部门
质量目标、过程绩效指标完成率	实际完成的目标指标数/在考核期内应进行考核的目标指标总数×100%	≥98%	每年	观测与网络处

3.5 沟通管理控制程序

3.5.1 目的

强化各单位、人员对观测质量的沟通交流,保证整个业务活动信息传递的准确性、及时性,协调各单位、人员切实保障观测数据质量,提高管理工作效能,确保气象观测质量管理体系的有效性。

3.5.2 范围

本程序适用于区局内部和外部相关方的信息交流、沟通反馈等。

3.5.3 职责

区局办公室负责建立相关沟通渠道,实现区局制定的政策及相关信息的内、外部沟通,确保沟通和交流的有效性。

区局相关处室负责相关方面信息的内、外部沟通;与区局办公室沟通、确认相关信息。

有关直属单位、盟(市)气象局及旗(县、市、区)气象局/台站负责本单位相关信息的内、外部沟通,确保沟通和交流的有效性。

3.5.4 工作程序

3.5.4.1 信息分类

(1)外部信息包括但不限于以下几个方面:

1)外部相关方对区局相关处室、有关直属单位、盟(市)气象局及旗(县、市、区)气象局/台站等进行检查的结果和反馈的信息;

2)政策、法律法规、标准类信息,如:法律、法规、规章、行业规定、业务规范等;

3)外部用户反馈信息;

4)各种媒介的相关报道等信息。

(2)内部信息包括但不限于以下几个方面:

1)业务活动情况、质量管理体系运行情况、质量目标和质量方针的执行情况等;

2)各种内部监督检查及处理结果;

3)管理层决议的执行情况;

4)其他内部信息,如:职工的建议、新的工作方法的采用、处室间需协调的问题等。

3.5.4.2 内外部信息的获取、收集与传递

(1)管理体系运行发生的相关信息由产生部门及时传递到相关的职能部门及人员(包括方

针、目标、指标、职责、权限、纠正和纠正措施、内审和管理评审以及日常联络、常规报表和通报等）；

（2）各部门获取的法律法规与其他要求及时传递到其他相关部门以便业务活动中遵照执行；

（3）区局办公室定期了解各处室的信息沟通、交流工作情况，及时收集、汇总、整理内外部重要信息，必要时向区局领导和上级部门汇报；

（4）各处室及时收集整理业务活动中产生的来自各直属单位、各盟（市）气象局、各旗（县、市、区）气象局/台站以及社会公众等层面的相关信息，并将相关信息传递给区局办公室；

（5）区局各直属单位、各盟（市）气象局办公室定期了解各科室的信息沟通、交流工作情况，及时收集、汇总、整理内外部重要信息，必要时向单位领导和上级部门汇报；

（6）盟（市）气象局各科室及直属单位要及时收集整理业务活动中发生的来自其他各台站、用户以及社会等的相关信息，必要时将相关信息传递给盟（市）气象局办公室；

（7）旗（县、市、区）气象局/台站及时收集、汇总、整理内外部重要信息，必要时向上级部门汇报；

（8）各部门负责定期了解、征求本部门职工对相关方面关心的问题、意见和要求，并列出与相关负责人协商的内容和计划。

3.5.4.3　信息沟通和交流的渠道

（1）内部沟通和交流的主要渠道：各种会议，如局务会、专题协调会等；网络办公平台、口头传达、汇报、协商；印发文件、报表、通知等；

（2）外部沟通和交流的主要渠道：电话、传真、电子邮件、信函等；走访、邀请来访等。

3.5.4.4　内、外部信息处置办法

（1）外部信息由职责对口部门负责接收并将信息及时分类处理，必要时上报主管领导及时审批，并将相关结果反馈至相关方。

（2）内部信息由信息接收部门、负责部门研究并提出处理意见或建议予以实施。必要时经办公室报分管局领导批准后进行处置。

3.5.5　过程绩效的监视和考核

目标名称	计算公式或方法	目标值	考核频次	监视部门
基层请示回复及时率	基层请示回复件数/基层请示件数×100%	100%	每年	区局办公室
网站留言回复率	网站留言回复数/网站留言总数×100%	100%	每年	区局办公室

3.6　文件控制程序

3.6.1　目的

对区局气象观测质量管理体系所要求的文件进行控制，确保质量管理体系文件有效控制。

3.6.2　范围

适用于区局观测质量管理体系要求的所有相关文件控制，包括有关的外来文件的控制。

3.6.3　术语

(1)文件

信息(有意义的数据)及其载体。

示例:记录、规范、程序文件、图样、报告、标准等。

(2)规范

阐明要求的文件。

示例:质量手册、质量计划、技术图纸、程序文件、作业指导书。

3.6.4　职责

区局局长负责批准、发布和批准修订区局《质量手册》。

区局办公室负责质量管理体系有关的行政文件的发布、归档保存、防护保密。

观测与网络处是本程序的归口管理部门,负责组织编写《质量手册》和有关的程序文件;负责对体系运行记录的格式设计、审核、编号、存档、废除等管理控制;负责组织对区局相关处室、有关直属单位、盟(市)气象局、旗(县、市、区)气象局/台站文件控制情况实施监督检查、评审和持续性改进。

政策法规处负责对全区观测质量体系有关的外来文件(法律法规、技术标准)等的管理与控制。

区局相关处室、有关直属单位、盟(市)气象局、旗(县、市、区)气象局/台站负责各自职责、权限范围有关的质量管理体系文件的控制管理。

3.6.5　工作程序

3.6.5.1　文件分类

(1)质量管理体系文件分为四种类别:

1)《质量手册》(包括自治区气象局的质量方针、质量目标)(又称 A 级文件);

2)程序文件(又称 B 级文件);

3)气象观测业务相关的规范性文件(包括:相关法律法规、中国气象局下发的技术标准、业务操作规程、区局有关直属单位、盟(市)气象局、旗(县、市、区)气象局/台站制定的各项管理制度、作业指导书等)(又称 C 级文件);

4)区局相关处室、有关直属单位、盟(市)气象局、旗(县、市、区)气象局/台站相关记录类文件(又称 D 级文件)。

(2)有关的外来文件,包括国家、中国气象局、世界气象组织、地方的法律、法规、标准、规范等。

3.6.5.2　文件的编码

(1)质量管理体系文件的编码

1)质量手册

质量手册编码格式:

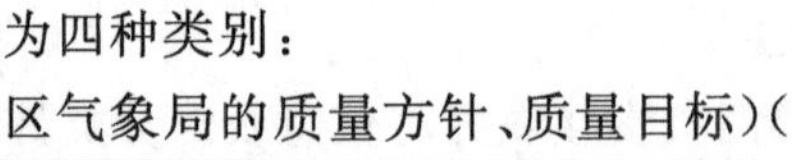

其中,NM15 为单位识别码,表示内蒙古自治区气象局;QM 表示质量手册。

2)程序文件

程序文件编码格式:

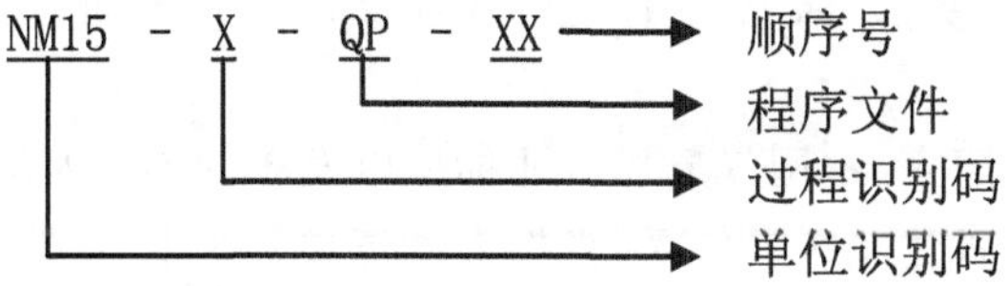

其中,X为过程识别码(G表示管理过程,Y表示业务过程,Z表示支撑过程);QP为程序文件的英文代码;XX为顺序号,表示程序文件的顺序号,如01、02等。

3)工作指导文件(包括作业指导书等规范性文件)

工作指导文件编码格式:

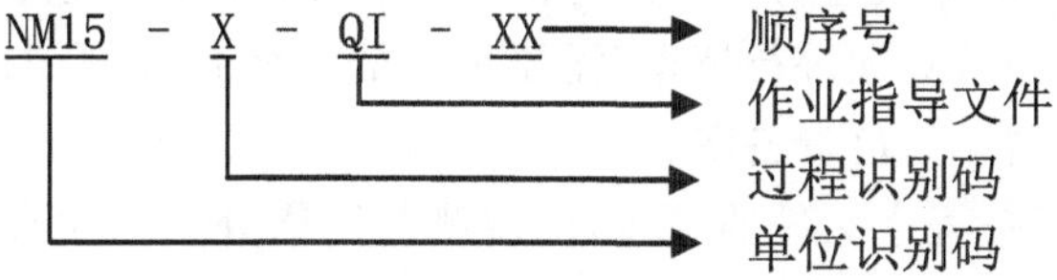

其中,QI:作业指导书识别码标识;XX:顺序号,表示程序文件的顺序号,如07－01、08－02等。如:NM15－Y－QI－12－01《L波段探空雷达标定作业指导书》,表示:内蒙古自治区气象局—业务类—作业指导书—第12个程序文件对应的第01个作业指导书。

4)工作记录

工作记录编码格式:

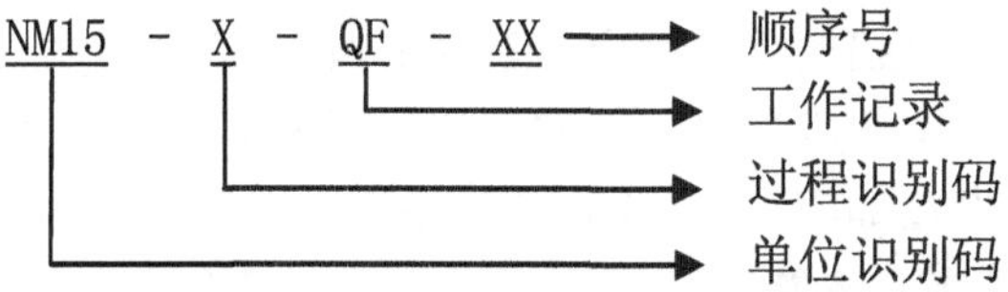

工作记录(又称质量记录)指区局相关处室、有关直属单位、盟(市)气象局、旗(县、市、区)气象局/台站工作记录文件的编码,执行区局制定的《记录控制程序》文件的规定。

(2)外来文件编码

中国气象局历年下发的与质量管理体系有关的仍有效的各项管理制度、操作规程等外来规范性文件,执行原编号。

3.6.5.3 文件的编写、审核、批准和发布

(1)《质量手册》由观测与网络处组织编写,管理者代表审核,区局局长批准、发布;

(2)程序文件由观测与网络处组织编写,经观测与网络处主管领导审核,报送管理者代表批准、发布;

(3)作业指导书等相关规范性文件由归口部门领导审批;

(4)文件的批准应确保文件的充分性和适宜性;

(5)《质量手册》及程序文件由区局办公室归档并发放,作业指导书等相关规范性文件应交区局办公室归档并由其归口部门发放到使用部门,文件发放前应对文件有效版本等进行检查,确保现场使用有效版本(包括受控状态、版本、内容等清晰完整);

(6)确定在办公系统中发布的文件应依据授权进行发布和接收。

3.6.5.4 文件的受控状况与标识

(1)文件分为“受控”和“非受控”两大类,凡与观测质量管理体系运行有关的文件应为受控文件,纸质版的文件应有“受控”标识,受控文件应随文件的修改而更新,由各主管部门按规定控制和管理;

(2)法律、法规文件,国家、中国气象局行业标准以发布的年号及分发号为受控标识;

(3)观测与网络处负责建立区局体系《受控文件清单》,经管理者代表确认后,下发区局有关直属单位、盟(市)气象局、旗(县、市、区)气象局/台站;

(4)区局有关直属单位、盟(市)气象局、旗(县、市、区)气象局/台站负责建立本部门/本单位使用范围内的部门《受控文件清单》。

3.6.5.5 文件的评审与更改

(1)每年通过管理评审会或适时由观测与网络处、各级文件管理部门组织对各级观测质量管理体系文件的充分性和适宜性进行评审,需要更改的由各责任部门、各责任单位负责更改。更改后的文件由观测与网络处负责备案;

(2)《质量手册》及相关程序文件的更改,由观测与网络处依据更改需求及审批的《文件更改申请单》组织进行更改,并将更改信息发至区局有关直属单位、盟(市)气象局、旗(县、市、区)气象局/台站;

(3)在体系运行中,如发现文件中有不适宜的地方由提出部门填写《文件更改申请单》,根据上述审批要求执行;

(4)文件更改采用换版、换页、局部杠改三种方式,由文件持有人负责将更改页进行更换,并在修改记录中登记;

(5)文件经多次修改或大幅度修改后应重新编制换版,版本号随之更新;

(6)所有作废的纸质版文件必须由文件发放部门回收,以确保有效文件的唯一性;网上发布的电子版文件,由文件发放部门/人员及时进行删除或更新。

3.6.5.6 文件的保存、作废与销毁

(1)文件的保存

1)各部门保存的文件应存放在干燥通风、安全的地方;

2)任何人不得在纸质版受控文件上乱涂乱改,不准私自外借,确保文件的清晰、易于识别和检索;

3)各部门的文件应分类保存、分类标识。分类保存的文件应保持文件的目录及检索编号;

4)需区局存档的文件由本部门、本单位负责按档案管理的有关要求移交办公室归档。

(2)文件的作废与销毁

1)所有失效或作废文件由相关部门文件资料人员及时从所有发放或使用场所撤出,防止作废文件的非预期使用;

2)现场为某种原因保留的任何已作废的纸质版文件,都应有“作废”标识,并应单独存放;

3)对要销毁的作废文件,由文件主管部门填写《文件销毁申请单》,经主管领导批准后统一销毁。

(3)文件的借阅、复制

借阅、复制与质量管理体系有关的文件,借阅者应填写《文件借阅、复制记录表》,特殊或重要文件应由相关负责人按规定权限审批后向资料管理人员借阅、复制。复制的受控文件必须由资料管理人员登记编号，并备案登记。

3.6.5.7　外来文件控制

（1）对于与气象观测业务有关的法律、法规和标准，由法规处负责与外部相关组织联络，确定识别、收集、获取，登入《国家行业上级法律法规标准清单》，并及时上传区局有关领导阅示，控制其分发；

（2）对于中国气象局下发的与气象观测业务有关的规范性文件、通知类文件，由办公室收集、获取，并进行登记和控制分发；

（3）有关与质量管理体系相关的法律法规、标准类文件的具体管理，还应执行《标准规范控制程序》。

3.6.6　过程绩效的监视和考核

目标名称	计算公式或方法	目标值	考核频次	监视部门
质量管理体系文件的有效率	实际实施执行的有效文件数/在考核期内下发的体系文件总数×100%	100%	每年	观测与网络处
外来文件的有效率	实际有效执行的外来文件数/在考核期内应获取的与体系运行有关的外来文件总数×100%	100%	每年	法规处、办公室、观测与网络处

3.7　记录控制程序

3.7.1　目的

为证实质量管理体系运行符合规定要求，提供各项管理和业务有效运行的客观证据，对形成的各种记录进行控制，特制定本程序。

3.7.2　范围

适用于全区气象观测质量管理体系运行过程中的各种记录的控制。

3.7.3　术语

记录：证实质量管理体系活动保留的阐明所取得的结果或提供所完成活动的证据的文件。

3.7.4　职责

观测与网络处负责对质量管理体系记录的管理进行监督、控制。

区局相关处室、有关直属单位、盟（市）气象局、旗（县、市、区）气象局/台站负责本部门记录的具体管理工作。

3.7.5　工作程序

3.7.5.1　记录的分类及表单编制

（1）记录分两类：一类是规定格式的记录表（或表单），一类是文字记录或报告；

（2）记录载体分两类：纸质类、机读载体类；

（3）各部门编制本部门使用的记录表单，经部门主管批准使用，纳入记录清单，并附相关记录表单；

（4）记录表单在使用过程中，如发生变更、废除应由部门主管批准后更新记录清单。

3.7.5.2 记录的编号

(1)区局所属部门记录表单的编号

记录表单编号按照:程序文件/作业指导书编号—JXX。

(2)中国气象局、业务主管部门下达使用记录编号

1)下发直接执行的技术标准、业务操作规范规定的记录表格直接沿用,不再编号;

2)各部门需要转化的中国气象局、业务主管部门的技术标准、业务操作规范的文件所使用的记录格式,应按照本书"3.7.5.2(1)"要求转化。

3.7.5.3 记录的填写要求

(1)各部门记录填写要及时、真实、准确、内容完整、字迹清晰、签署齐全(姓名、日期)。如因某种原因不能填写的项目,应说明理由,并将该项用横杠划去;

(2)书写时必须用蓝(黑)色钢笔、签字笔;

(3)记录内容不得随意涂改,如因笔误或计算错误要修改原始数据,应采用横杠划去原始记录,在其上方写上更改后的数据,签上更改人的姓名及日期,并由相关负责人审核、签署。

3.7.5.4 记录的标识

(1)记录表(或表单)的标识,以记录表格名称、记录日期和记录编号,文字记录或报告以编制单位、编制人和日期为标识;

(2)以机读载体形式保存的记录,应在载体表面标识记录名称和编号。

3.7.5.5 记录的收集、整理和保存

(1)各部门设专(兼)职的文件资料管理员,建立本部门《记录清单》,负责及时收集本部门的记录,并加以整理、保存;

(2)各部门应分类、整理、编目,便于检索和调阅。各种纸质版的记录应贮存在具备通风、防潮、防火、防鼠等条件的地方。机读载体形式的各种记录按照相关机读载体保管要求保存。

3.7.5.6 记录的保存期限

需要存档的记录按有关档案管理办法及时存档。质量管理体系的运行记录应确定保存期限,并在记录清单中标明。

3.7.5.7 记录的借阅

借阅记录按《文件控制程序》执行。

3.7.5.8 记录的销毁处理

记录如超过保存期或其他特殊情况需要销毁时,按《文件控制程序》执行。

3.7.6 过程绩效的监视和考核

目标名称	计算公式或方法	目标值	考核频次	监视部门
记录归档及时率	实际归档的记录数/在考核期内应归档的记录总数×100%	≥98%	每年	各部门

3.8 人力资源管理控制程序

3.8.1 目的

对全区气象部门所有从事影响给用户提供气象观测数据产品和服务质量的工作人员规定

相应的岗位能力要求,并通过教育、培训、经验的提供或采取其他措施以满足规定要求。

3.8.2　范围

适用于全区气象部门所有从事影响给用户提供气象观测数据产品和服务质量的工作人员,包括临时雇用人员,必要时包括外部供方的人员。

3.8.3　术语

(1)能力

应用知识和技能实现预期结果的本领。

(2)服务

在内蒙古自治区气象局和用户之间需要完成至少一项活动的内蒙古自治区气象局的输出。

注1:用户:将会或实际接受为其提供或应其要求提供产品或服务的个人或组织。如:内部过程的产品或服务的接收者、受益者和采购方。

注2:用户可以是内蒙古自治区气象局内部的或外部的。

3.8.4　职责

区局分管局长负责全区各级气象部门的机构设置及部门职责文件,批准人事部门制定的有关培训计划。

人事处负责区局年度培训计划的制定及监督实施;负责组织上岗培训、学历教育、职称及资格考试工作;负责组织对全区各级气象部门处级以上人员能力与业绩的考核;负责组织对全区所有从事影响给用户提供气象观测数据产品和服务质量的工作人员的管理。

区局气象干部培训学院负责配合区局人事处开展各项管理、业务技能等方面的培训活动的实施,建立培训档案。

区局相关处室、有关直属单位、盟(市)气象局、旗(县、市、区)气象局/台站负责本单位员工包括临时雇用人员的绩效考核;负责本单位培训需求的调查,并将计划报区局人事处、气象干部培训学院、本单位的人事部门;在本单位的职责范围内,制定相关培训计划,组织开展各种内部培训,并建立相关培训记录;负责编制本单位员工包括临时雇用人员的岗位职责分工和任职要求。

3.8.5　工作程序

3.8.5.1　任职条件

(1)从事影响气象观测及服务质量工作的人员应是完全能够胜任本职工作的人员,对相关职工能力的判断应从教育、培训、技能和经验方面考虑;

(2)区局与气象观测服务质量有关的所属各单位负责人应至少满足下列条件:

1)有一定的专业技术水平,熟悉单位常用的规范、标准及其他要求;

2)具备三年以上工作经验,熟悉本单位业务(技术)工作和相关的管理体系文件;

3)有一定的组织能力,对有关的气象业务方面的政策、法规、规定能认真贯彻落实。

(3)其余人员的任职条件按区局相关处室、有关直属单位、盟(市)气象局、旗(县、市、区)气象局/台站的内部文件执行;

(4)法规规定的特殊岗位任职条件,按法规规定执行;

(5)新入系统的职工需经过各级人事部门组织的上岗前的培训和考核。

3.8.5.2 培训、意识及能力

(1)根据任职条件要求和职工能力状况

1)区局各职能部门、直属单位提出本部门年度培训需求、适时提出培训需求，上报人事处汇总，由人事处在每年初形成培训计划，下发并组织区局气象干部培训学院实施。

2)各盟(市)、旗(县、市、区)气象局根据本单位的培训需求制定合理的培训计划，上报人事处，经人事处汇总并合理规划，形成年度培训计划，经主管领导批准后，由人事处监督实施。

3)区局相关处室、有关直属单位、盟(市)气象局、旗(县、市、区)气象局/台站应该在每年1月底前，将本年度的培训需求或培训计划书面上报各级人事部门。

(2)新入职职工的培训

1)区局的基础信息培训：包括自治区气象局简介、职工纪律、职工职业道德、职业生涯规划、质量方针和质量目标、适用的法律法规、质量管理体系标准基础知识、下站实习、拓展训练等的培训。在入职一个月内，由各级人事部门组织实施；

2)区局相关处室、有关直属单位、盟(市)气象局、旗(县、市、区)气象局/台站基础培训：质量管理体系程序文件和各项作业指导类文件培训，由所在单位负责人组织进行，或通过区局气象干部培训学院组织进行；

3)岗位练兵、技术比武培训：学习本专业规范规程的主要内容。由本单位通过有计划地安排参加和实践或通过区局气象干部培训学院组织进行，使其尽早掌握岗位工作的基本功。

(3)普及性、公共性的综合培训

综合培训一般包括：国家的法律法规、规章制度、发展规划、质量管理体系的相关知识、安全生产以及财务知识、人力资源管理等，由人事处组织区局气象干部培训学院按照中国气象局、区局的战略发展和职工业务知识更新趋势等制定计划并组织实施。

(4)气象观测技术专业人员(包括综合观测岗等)培训

按培训计划或适时由人事处组区局气象干部织培训学院对全区气象观测技术专业人员进行培训，组织结业考试并颁发结业证书。

(5)在职职工的职称评定

按照中国气象局、内蒙古自治区气象局有关专业技术职务任职资格评审工作等制度的规定，区局相关处室、有关直属单位、盟(市)气象局、旗(县、市、区)气象局/台站应积极组织职工在教育和技能方面不断提高，以满足岗位要求，使职工能切实胜任工作。

(6)特殊岗位人员培训由各相关单位组织

特殊岗位分为特殊工种资格和执业资格两类，应分别设立台账。各相关单位负责填写《特殊岗位人员清单》；

1)特殊工种：特种设备操作人员、气象计量设备检定人员等需按照国家有关要求取得相应的资格证书方可上岗，并按规定参加继续教育；

2)组织职工参加各种执业(职业)资格培训，并参加资格考试和继续教育，并按规定持证上岗；

3)质量管理体系内审员由认证咨询机构培训、考试，持证上岗。

(7)通过培训和教育应具备的质量意识

1)满足用户和法律、法规要求的重要性；

2)违反这些要求所造成的后果；

3)自己从事活动的重要性与气象事业发展的相关性；

4)鼓励职工积极参与质量管理，为实现区局的质量方针、质量目标做出贡献。

(8)评价所提供培训的有效性

1)由区局气象干部培训学院及各单位人事部门通过理论和实践考核、业绩评定等方法，证实培训的有效性，评价参训人员是否具备所需能力；

2)每年年初由人事部门组织对上一年度培训的有效性进行总结评价，征求意见和建议，以便制定下一年度的培训计划；

3)人事处组织对处级以上干部工作业绩的考核；并组织区局相关处室、有关直属单位、盟(市)气象局、旗(县、市、区)气象局/台站每年对职工进行一次考核，对不能胜任本职工作的职工，继续培训或调离岗位或转岗，使职工能力与其岗位任职条件相适应。

3.8.5.3　培训学院及各单位人事部门

(1)培训登记表应包括培训时间、地点、教师、内容及培训考核情况等，由主办部门负责填写并保存记录；

(2)对有特殊资格要求的岗位，按照上级主管部门要求，需先取得岗位要求的上岗资格证后，报人事部门备案同意，方可上岗。各级人事部门需按照岗位竞聘管理办法有关要求，开展岗位竞聘，择优进岗。

(3)人事处将不定期对相关直属单位、盟(市)气象局的培训情况进行检查，重点检查培训记录；区局相关直属单位、相关盟(市)气象局应该及时将每年的培训计划、培训总结等资料上报区局人事处备案。

3.8.5.4　盟(市)气象局及旗(县、市、区)气象局人力资源主管部门

参照本程序的要求以及本单位制定的人力资源管理制度等文件对人力资源进行管理。

3.8.6　过程绩效的监视和考核

目标名称	计算公式或方法	目标值	考核频次	监视部门
职工各项培训的一次考核合格率	实际一次考核合格人员数/在考核期内共参加各项培训的职工总数×100%	≥90%	每次培训结束后	区局气象干部培训学院、各级人力资源主管部门
培训计划完成率	年度实际落实的培训/年度计划培训×100%	≥90%	每年	区局气象干部培训学院、各级人力资源主管部门

3.9　外部供方管理控制程序

3.9.1　目的

为确保外部供应商提供的产品和服务符合气象观测业务要求，特制订本程序。

3.9.2　范围

本程序适用于对全区气象观测业务有关的外部供应商进行选择、评价及重新评价过程的控制和管理。

3.9.3　术语

(1)政府采购

政府采购是指各级预算单位使用财政性资金，采购国务院办公厅公布的政府集中采购目

录以内或者采购限额标准以上的货物、工程和服务的行为。

(2)部门集中采购

指各级预算单位将列入气象部门集中采购目录中的采购项目，委托中国气象局政府采购中心代理采购的行为。

3.9.4 职责

观测与网络处根据实际情况参与外部供应商选择、合同审定、评价及重新评价活动的监督、管理。

计划财务处负责审核政府采购预算，监督政府采购活动；参与合同审定，监督资金支付。

有关直属单位、盟(市)气象局、旗(县、市、区)气象局/台站等各采购实施单位负责编制政府采购预算，执行政府采购；签订采购合同，按合同约定履行相关义务；按采购文件、合同约定组织验收；对外部供应商进行评价。

3.9.5 工作程序

3.9.5.1 供应商选择

(1)采购活动开始前，各单位要明确采购需求，必要时要对采购需求进行论证；

(2)对属于政府采购的货物或服务必须严格执行政府采购相关程序，纳入部门集中采购的货物必须委托中国气象局政府采购中心采购；

(3)对于非政府采购的货物或服务可以参照政府采购相关程序执行，也可执行简化程序，对采购预算较低、市场竞争充分的产品或服务可直接确定外部供应商，需按照单位“三重一大”相关程序执行。

3.9.5.2 合同和履约管理

(1)各单位要按照《气象部门合同管理办法》的要求，与外供方签订采购合同或服务协议，合同协议中的主要标的内容应与采购文件保持一致；

(2)各单位要严格按照采购文件、合同协议约定内容执行，依法享有相关权利，履行相关义务；

(3)各单位要及时跟进合同的履行，必要时可以聘请监理机构；

(4)各单位要严格依照采购文件、合同协议约定进行履约验收。

3.9.5.3 供应商评价

(1)服务外供方在完成服务后，应及时填写《外供方服务报告》。对于维修、维保服务过程中所发现的设备系统故障，应与外供方充分沟通后填写《故障分析报告》；

(2)采购实施单位应根据项目周期或固定的时间间隔(每年至少一次)对外供方所提供的产品或服务的绩效进行监测和评价，填写《外供方绩效评价表》(服务类及物资类)。对外供方绩效进行监测评价的项目应包括但不限于：外供方所提供产品或服务的质量、交付及时性或服务响应、服务态度、人员能力或设备能力等；

(3)采购实施单位每年应对外供方绩效监测评价的结果进行汇总，作为对外供方考核的结果和是否与其续约的依据；

(4)观测与网络处每年年底应收集汇总各单位对外供方绩效的评价结果，作为年度管理评审的输入材料之一。

3.9.6 过程绩效的监视和考核

目标名称	计算公式或方法	目标值	考核频次	监视部门
供应商选择评价实施率	实施评价的供应商数/采购业务涉及的供应商总数×100%	100%	每年	计划财务处、观测与网络处

3.10 不合格管理控制程序

3.10.1 目的

用于及时发现在观测质量管理体系活动中发生的不合格(包括不合格产品),并进行处理和纠正,以避免或减少类似的不合格等情况重复发生。

3.10.2 范围

本程序适用于内蒙古自治区气象局在观测质量管理体系运行活动中发生的不合格项(含不合格产品)和质量事故的控制。

3.10.3 术语

(1)不合格(不符合)

区局在观测质量管理体系运行活动中发生的未满足相关的管理规定、操作规范、技术标准、产品标准等要求的事项或产品。

(2)纠正

区局相关处室、有关直属单位、盟(市)气象局、旗(县、市、区)气象局/台站为消除已发现的不合格所采取的措施。

(3)纠正措施

区局相关处室、有关直属单位、盟(市)气象局、旗(县、市、区)气象局/台站为消除不合格的原因并防止再发生所采取的措施。

(4)放行

对所提供的产品或服务进入一个过程的下一阶段或下一过程的许可。

(5)返工

为使不合格产品或服务符合要求而对其采取的措施。

3.10.4 职责

观测与网络处是该程序的归口管理部门,负责监督检查区局相关处室、有关直属单位、盟(市)气象局、旗(县、市、区)气象局/台站对不合格的控制情况,对影响到区局声誉的重大问题(含重大观测质量事故),负责组织调查、分析,并督导整改措施的实施。

区局有关直属单位、盟(市)气象局、旗(县、市、区)气象局/台站负责对在本单位范围内发生的各种不合格和各类质量事件进行识别和有效控制,并开展整改措施的实施。

3.10.5 工作程序

3.10.5.1 不合格的分类

(1)严重不合格(含不合格产品)

1)采购的产品完全不能使用的;

2)科技研发项目过程发生严重偏离的；

3)在体系运行过程中发生严重违反管理程序、管理制度、业务操作规范等不合格的；

4)在观测业务服务过程中引起用户或相关方重大投诉的；

5)发生了区域性的观测质量及安全事故等；

6)上述有关行为按照《气象观测业务事故分级和认定管理办法(试行)》、气象观测业务质量考核办法等进行确定。

(2)一般不合格(不合格产品)

除严重不合格以外的不合格均为一般不合格。

(3)发生了严重的不合格或事故事件

1)观测与网络处应督促有关部门、单位及时展开调查，确定发生的原因、缺陷或其他因素；

2)确定是否采取纠正和纠正措施；

3)及时向各有关部门、单位沟通调查结果；

4)根据情况依据《纠正措施控制程序》要求实施；

5)对发生的严重不合格，各责任部门、单位应及时上报观测与网络处，并形成文件，由观测与网络处和事件发生部门、单位保存相关处置的记录。

(4)一般不合格(不合格产品)

由发生的部门、单位根据情况自行组织处理，并各自保存处置的记录。

3.10.5.2 不合格采购物资的识别处置

(1)不合格采购物资的识别

由采购单位的验收人员负责识别，并做好不合格产品验收记录，对不合格产品应做好标识，隔离存放。

(2)不合格采购物资处置人

区局相关处室、有关直属单位、盟(市)气象局、旗(县、市、区)气象局/台站应按不合格品的分类确定有权处置的人员，并实施处置。责任部门负责人跟踪验证处置结果。

(3)不合格采购物资处置方式

退货、换货、让步接收或拒收等。

1)退货、换货、拒收采购的不合格品由处置人实施处置；

2)凡让步接收的采购不合格产品，需经授权人批准，并做好记录。

(4)整改反馈

由承担采购物资职责的部门、采购主管人员将采购物资不合格的情况反馈相关供应商，并限期进行整改，必要时调整供应商。

3.10.5.3 研发课题(项目)不合格的识别和处置

(1)课题(项目)研发各阶段的评审组/人员对课题的不合格进行识别，并做出处置决定；严重不合格由观测与网络处或预报处跟踪验证结果，一般不合格由研发项目负责人跟踪验证结果；

(2)课题组负责实施整改或终止课题。具体整改执行《纠正措施控制程序》《气象观测业务科研开发控制程序》等文件规定。

3.10.5.4 观测数据不合格的识别与处置

(1)由区局气象信息中心、各旗(县、市、区)气象局/台站现场主管观测数据传输放行的主管人员负责，做好相关不合格数据信息标识、记录，并组织有关观测岗人员实施处置；

(2)凡疑误的观测数据必须重新进行核实，在时效范围内对不合格数据进行修改或缺测处理，为预防不合格数据的重复发生，应对不合格的原因进行分析，制定针对性纠正措施，予以实施，并验证其有效性；

(3)不合格数据参照《数据采集控制程序》和《数据质控控制程序》进行识别和处置。

3.10.5.5　不合格服务、不合格项的识别与处置

区局相关处室、有关直属单位、盟(市)气象局、旗(县、市、区)气象局/台站通过定期或不定期检查，识别不规范的服务和未满足质量管理体系要求的情况，包括用户或相关方投诉和建议。

(1)不合格服务和其他不合格项的处置主体

由所在部门、单位进行处置，并做好相应的记录。

(2)处置方式

1)向用户或相关方进行解释说明；

2)采取措施减少损失，降低不合格服务带来的风险；

3)对相关责任人员教育或采取相应处罚；

4)依据《纠正措施控制程序》，分析原因、采取纠正措施或预防措施。

(3)重新验证

重新提供的观测数据产品和服务应参照《数据采集控制程序》和《数据质控控制程序》等进行重新验证。

3.10.5.6　交付或开始使用后发现的不合格

由发生的责任部门、单位根据影响的程度采取相应措施，以满足用户或相关方的正当要求。

3.10.5.7　其他

不合格的处置应根据严重程度建立《不合格报告处理单》。观测处应对本程序的实施进行监督检查。

3.10.6　过程绩效的监视和考核

目标名称	计算公式或方法	目标值	考核频次	监视部门
重大不合格项的处置跟踪验证率	实际完成的重大不合格项跟踪验证数/在考核期内发生的重大不合格项总数×100%	100%	每次跟踪验证完成后	区局相关处室、有关直属单位、盟(市)气象局、旗(县、市、区)气象局/台站的主管领导

3.11　纠正措施控制程序

3.11.1　目的

对内蒙古自治区气象局气象观测质量管理体系运行过程中出现的不合格及其原因进行分析并采取纠正措施，以防止其再次发生或者在其他场合发生，实现内蒙古自治区气象局质量管理体系的持续改进。

3.11.2　范围

适用于内蒙古自治区气象局气象观测质量管理体系运行中出现的不合格及其原因的分析以及纠正措施的制定。

3.11.3　术语

纠正措施

为消除不合格的原因并防止其再发生所采取的措施。

3.11.4　职责

管理者代表负责因纠正措施而引起的资源协调与配备。

观测与网络处负责内蒙古自治区气象局质量管理体系内审和管理评审相关的不合格所采取纠正措施的跟踪验证；汇总分析区局与气象观测业务相关的不合格所采取的纠正措施，并提交管理评审。

区局相关处室、有关直属单位、盟(市)气象局、旗(县、市、区)气象局/台站针对本单位发生的不合格进行分析，确定不合格的原因，制定和实施纠正措施，并跟踪验证效果；每年年底汇总本单位全年发生的与气象观测业务相关的不合格所采取的纠正措施，报送至区局观测与网络处。

3.11.5　工作程序

3.11.5.1　不符合的评审

内蒙古自治区气象局质量管理体系运行中出现的不合格均应进行评审和分析，确定不合格的责任部门、严重程度以及发生的频次等，具体执行“不合格管理控制程序”。

3.11.5.2　采取纠正措施的时机

在发生以下情况的不合格时，应进行原因分析，确定不合格发生的主要原因，制定并实施纠正措施：

(1)体系运行发生了比较严重的不合格，如质量事故等；

(2)重复发生的不合格；

(3)用户或其他相关方的严重投诉；

(4)内部审核发现的不合格；

(5)管理评审发现的不合格；

(6)其他在内蒙古自治区气象局质量管理体系运行过程中发生的，经评审认为需要采取纠正措施的事项。

3.11.5.3　不合格原因的确定及纠正措施制定

在发生上述3.11.5.2条款描述的需要采取纠正措施的不合格时，应由不合格的评审组织单位/部门协助不合格发生的责任单位/部门，确定不合格发生的主要原因以及需要采取的纠正措施，填写《纠正措施表》(针对内部审核发现的不合格的纠正措施直接填写在《内审不合格报告》的相应栏目中)。纠正措施应经审批，当涉及资源协调与配置时，应报管理者代表审批。

3.11.5.4　纠正措施的实施与跟踪验证

经审批的纠正措施由不合格发生的责任单位/部门负责组织实施，评审组织单位/部门对实施效果进行跟踪验证。经验证未达到预期效果时，应由不合格的评审组织单位/部门重新组织进行原因分析并制定纠正措施，直至达到预期效果。

3.11.5.5 经济性分析及后续活动

(1)在制定纠正措施时,应考虑不合格所产生的影响及其程度、采取纠正措施所需的成本与不合格的损失等多方面的因素,应确保纠正措施与不合格产生的影响相适应;

(2)因纠正措施而引起的任何质量管理体系的变更,均应由观测与网络处负责组织对内蒙古自治区气象局质量管理体系文件进行评审和修订,以确保内蒙古自治区气象局质量管理体系的完整和持续更新。

3.11.5.6 记录保留

区局及所属各单位应保留本单位相关的纠正措施记录,每年年底汇总全年的纠正措施报观测与网络处,由观测与网络处对全年内蒙古自治区气象局质量管理体系运行中所实施的纠正措施及其有效性进行分析,并提交管理者评审。

3.11.6 过程绩效的监视和考核

目标名称	计算公式或方法	目标值	考核频次	监视部门
纠正措施实施有效率	实施有效的纠正措施项数/纠正措施总项数×100%	100%	每年	观测网络处

3.12 内部审核控制程序

3.12.1 目的

为规范内部审核工作,确保内蒙古自治区气象局观测质量管理体系的符合性和有效性,特制定本程序。

3.12.2 范围

本程序适用于内蒙古自治区气象局气象观测质量管理体系内部审核的策划和实施。

3.12.3 术语

(1)审核

为获得客观证据并对其进行客观的评价,以确定满足审核准则的程度所进行的系统的、独立的并形成文件的过程。

(2)内部审核

由区局组织进行,用于内部管理评审,作为区局合格声明的基础。

(3)审核准则

用于与客观证据进行比较的方针、程序或要求,包括GB/T19001—2016标准、法律法规以及区局气象观测相关的质量管理体系文件。

(4)审核证据

与审核准则有关并且能够被证实的记录、事实陈述或其他信息。

3.12.4 职责

管理者代表负责领导区局的内部审核工作,审批内部审核文件,包括《年度内部审核方案》《内部审核实施计划》及《内部审核报告》。

观测与网络处根据情况组织制定《年度内部审核方案》,审核《内部审核实施计划》和《内部审核报告》,保存内部审核资料。

内部审核组组长负责组织编制《内部审核实施计划》和《内部审核报告》,组织审核组实施审核，跟踪不合格整改情况。

内审员依据《内部审核实施计划》的分工与安排，实施现场审核，编制《内部审核检查表》和《不合格项报告》。

区局相关处室、有关直属单位、盟(市)气象局、旗(县、市、区)气象局/台站负责配合审核工作，包括接受现场审核，对本单位发生的不合格项分析原因，采取纠正措施，进行整改。

3.12.5 工作程序

3.12.5.1 内部审核策划

(1)每年年初由观测与网络处负责策划区局本年度的内部审核工作，明确全年内部审核的目的、范围、方式、时间、内审组成员等内容，编制《年度内部审核方案》，经管理者代表审批实施；

(2)区局内部审核每12个月至少进行一次，当出现以下情况时，由管理者代表决定追加实施内部审核：

1)组织机构、业务模式等发生重大变化；

2)出现了重大风险事故、重大的观测质量事故或用户对某一环节连续投诉；

3)区局组织环境、相关法律、法规及其他外部要求发生重大变化；

4)在接受第三方审核之前。

(3)全年的内审必须覆盖全区气象观测质量管理体系的所有部门、单位、活动和场所，根据需要，也可以针对某几项要求或部门进行重点审核。

3.12.5.2 审核准备

(1)组成审核组

观测与网络处在制定《年度内部审核方案》时，应考虑全年质量管理体系运行情况、上一年度发生的不合格及整改情况、内部审核需求、人员对质量管理体系相关知识的把握程度等，明确全年内部审核组成员。审核组成员必须由取得区局内审员资格的人员担任，并应该具备以下条件：

1)熟悉内蒙古自治区气象局质量管理体系相关的文件，尤其是《质量手册》、程序文件；

2)熟悉内蒙古自治区气象局气象观测业务相关的工作；

3)熟悉 GB/T19001—2016 标准，能够依据标准要求编制内审检查表；

4)对于选定的内部审核组长，还应具备以下条件：

a.获得前次审核结果，尤其是不合格情况及跟踪验证结果；

b.具备一定的组织管理能力，能协调内审工作顺利实施。

(2)编制《内部审核实施计划》

内审组组长在每次审核前编制本次《内部审核实施计划》，经管理者代表审批，由观测与网络处提前10个工作日下发到各单位。《内部审核实施计划》的内容至少应包括：

1)审核目的、范围、依据、方法；

2)审核组成员名单及分工情况；

3)审核时间；

4)首、末次会议的参加人员及会议地点；

5)审核具体的日程安排；

6)审核注意事项；

7)在审核组成员分工时，应注意审核员不应审核自己所在部门的工作。

(3)编制《内部审核检查表》

1)内部审核员按照各自的分工，针对被审核单位的职责范围和过程情况，在审核前应编制"内部审核检查表"，详细列出审核内容及方法，以确保过程、项目无遗漏，指导审核实施；

2)"内部审核检查表"应在现场审核前由审核组组长审阅批准。在审核结束后，"内部审核检查表"应作为本次审核的证据文件归档留存。

3.12.5.3　审核实施

(1)首次会议

首次会议(可通过视频会议)由审核组组长主持召开，区局局长、管理者代表、审核组全体成员、受审核单位负责人(或代表)参加并签到。

会议内容：

1)审核组组长宣布审核的目的、范围、依据、方法，介绍审核组成员、审核日程安排及其他有关事项；

2)区局局长对内审工作提出要求，重点强调各部门的配合。

(2)现场审核

1)审核组组长要控制内审全过程及总体把握审核进度，以确保审核的有效性；

2)内审员按照审核组任务分工，依据审核实施计划和"内部审核检查表"，通过面谈、查阅成文信息、现场观察操作活动、核实质量数据等方法，进行现场审核；通常采取抽样的方式实施审核；

3)对现场审核所抽取的证据，审核员应详细记录，并对照审核依据。当发现不合格项时，认真填写《不合格项报告》；

4)审核过程中，审核组应根据情况召开审核组内部沟通会议，沟通协调审核进度，全面把控审核情况，确定审核中发现的问题及不合格情况；

5)现场审核结束后，审核组组长组织召开审核组汇总分析会议，进一步确认不合格事实，对于确定为不合格的应开具《内审不符合报告》，必要时填写《不合格项分布表》，综合分析审核结果，做出审核结论。

(3)末次会议

1)参加人员同首次会议，与会者签到，审核组组长主持会议；

2)会议内容：审核组组长应重申审核的目的、范围和依据，介绍审核实施情况，宣读《不合格项报告》，提出完成纠正措施的要求和期限及验证纠正措施的方法，并宣布本次审核的结论；

3)区局局长和管理者代表参会，总结内审成果，进一步提出整改要求。

3.12.5.4　内部审核报告

现场审核结束后，审核组组长负责编制《内部质量管理体系审核报告》，报送管理者代表审批后分发至各相关单位。《内部质量管理体系审核报告》内容至少应包括：

(1)审核的目的、范围、方法和依据；

(2)审核组组成；

(3)审核日期，审核计划完成情况；

(4)不合格项的统计分析结果；

(5)对质量管理体系运行的综合评价；

(6)审核结论；

(7)提出纠正措施实施要求；

(8)其他相关附件。

3.12.5.5　不合格的整改

责任部门接到《不合格项报告》后，由责任部门负责人签字确认并组织对本单位发生的不合格项进行原因分析，制定纠正措施，经审核组认可后实施纠正措施。具体按照《纠正措施控制程序》执行。

3.12.5.6　跟踪验证

(1)根据内审组认可后的纠正措施计划，责任部门组织实施纠正措施，填写《不合格项报告》，提交内审组组长验证；

(2)内审组组长或相应内审员对纠正措施实施的完成情况及有效性进行验证，验证结果填写在《内审不符合报告》相应栏目；

(3)纠正措施执行不力或无效时，应由责任部门重新制定和实施纠正措施，直到达到预期效果为止。

3.12.5.7　内审资料归档

内审组组长组织完善内审所有资料后，提交观测与网络处留存。

3.12.6　过程绩效的监视和考核

目标名称	计算公式或方法	目标值	考核频次	监视部门
每年至少一次全面内部审核	每年审核内审资料	1次	每年	观测与网络处
不合格项整改有效率	整改达到预期效果的不合格/在内审中开出的不合格项总数×100％	100％	每年	观测与网络处

3.13　管理评审控制程序

3.13.1　目的

按照策划的时间间隔对内蒙古自治区气象局气象观测质量管理体系进行评审，确保其持续的适宜性、充分性和有效性，推动气象观测质量管理体系的持续改进，特制定本程序。

3.13.2　范围

适用于内蒙古自治区气象局气象观测质量管理体系管理评审工作的开展。

3.13.3　术语

管理评审

组织对气象观测质量管理体系所规定的质量目标的适宜性、充分性、有效性的评审。

3.13.4　职责

区局局长负责批准《管理评审计划》，主持管理评审会议，做出管理评审决策，批准《管理评审报告》。

管理者代表负责审核主管部门编制的《管理评审计划》和《管理评审报告》，向区局局长报告气象观测质量管理体系的运行情况，提出改进建议。

观测与网络处负责组织编制《管理评审计划》和《管理评审报告》，负责召集管理评审会议，组织区局相关处室、有关直属单位、盟(市)气象局、旗(县、市、区)气象局/台站管理评审资料的输入,协助管理者代表进行管理评审后改进措施实施情况的跟踪验证。

区局相关处室、有关直属单位、盟(市)气象局、旗(县、市、区)气象局/台站负责提供管理评审输入的有关数据和信息,参与管理评审,并负责实施管理评审中提出的相关改进措施。

3.13.5　工作程序

3.13.5.1　管理评审频次、时间

管理评审每年至少进行一次,当出现以下情况时,可追加管理评审:

(1)观测业务范围、资源配置发生重大变化时;

(2)组织环境发生了重大变化,或发生了重大的风险和机遇时;

(3)发生重大质量事故或内外部审核发现严重不合格时;

(4)用户或相关方对气象观测服务质量有严重投诉或连续投诉时;

(5)外部环境(包括法律、政策、标准等)、相关方需求发生重大变化时;

(6)其他需要进行管理评审的情况。

3.13.5.2　管理评审准备

(1)观测与网络处负责编制《管理评审计划》,明确管理评审目的、时间、参加人员、输入内容及形式要求等,在管理评审前至少 15 个工作日通过正式文件下达到区局相关处室、有关直属单位、盟(市)气象局;

(2)区局相关处室、有关直属单位、盟(市)气象局应按照规定的时间及《管理评审计划》要求,提前准备管理评审汇报材料,并在管理评审前至少 5 个工作日将管理评审汇报材料提交至观测与网络处;

(3)观测与网络处收集各单位提交的管理汇报材料,经确认并分析汇总后,报管理者代表审阅,形成区局管理评审输入资料。

3.13.5.3　管理评审输入

管理评审输入应包括至少以下方面:

(1)以往管理评审的跟踪措施及实施效果(体系建立后的首次管理评审不涉及);

(2)与观测质量管理体系相关的内外部环境因素的变化(包括适用法律法规及其他要求变化),可能影响质量管理体系的变更;

(3)下列有关质量管理体系绩效和有效性的信息,包括其趋势:

1)用户满意度测评结果、相关方沟通交流等信息反馈;

2)质量目标指标实现程度;

3)过程绩效和气象观测数据质量的符合性;

4)不合格及纠正措施的状况;

5)监视和测量结果;

6)审核结果;

7)外部供方的绩效;

(4)人力资源和装备及环境等各项资源提供的适宜性、充分性;

(5)应对风险和机遇所采取措施的有效性;

(6)改进的建议。

3.13.5.4 管理评审实施

(1)通常情况区局管理评审通过会议方式实施,区局及其相关处室、有关直属单位、盟(市)气象局负责人参加管理评审会。管理评审也可结合年度局长会议进行;

(2)管理者代表对区局观测质量管理体系运行情况进行综述,并提出评价意见,相关单位根据其提供的管理评审输入信息资料进行汇报;

(3)与会成员针对评审输入内容展开充分讨论和评价,必要时分组讨论,并提出改进建议;

(4)会议综合考虑参会人员评价结果,做出管理评审结论,提出改进要求;

(5)观测与网络处协调会议安排,做好管理评审会议记录。

3.13.5.5 管理评审输出

(1)管理评审输出应至少包括与下列事项相关的决定和措施:

1)改进的机会;

2)质量管理体系所需的变更;

3)资源的需求。

(2)观测与网络处总结管理评审情况及输出结果,编制《管理评审报告》和《管理评审改进事项实施计划》,经管理者代表审核批准,下发至区局相关处室、有关直属单位、盟(市)气象局;

(3)管理评审可结合年度全区气象局长会进行,以正式文件下发管理评审输出结论和改进事项。

3.13.5.6 改进实施及跟踪验证

(1)区局及相关处室、有关直属单位、盟(市)气象局、旗(县、市、区)气象局/台站根据《管理评审报告》和《管理评审改进事项实施计划》提出改进事项和要求,实施改进;

(2)观测与网络处组织对管理评审输出提出的改进事项实施情况进行监督检查,验证其实施效果,在《管理评审改进事项实施计划》中予以记录,并将验证结果作为下一次管理评审的输入。

3.13.6 过程绩效的监视和考核

目标名称	计算公式或方法	目标值	考核频次	监视部门
管理评审改进事项完成率	完成的改进事项/在评审中确定的改进项总数×100%	100%	每年	观测与网络处

3.14 用户反馈及满意度控制程序

3.14.1 目的

不断完善内蒙古自治区气象局气象观测质量管理体系,规范用户反馈及投诉收集和满意度调查工作的实施,准确收集和全面分析用户对内蒙古自治区气象局气象观测业务工作的评价信息,了解是否满足用户的需求和期望,改善服务态度,提高服务质量,以保证内蒙古自治区气象观测质量目标的实现。

3.14.2 范围

本程序适用于对内蒙古自治区气象局气象观测质量管理体系服务的用户满意程度和投诉的调查评价。

3.14.3　术语

(1)用户

指接受、使用内蒙古自治区气象观测数据或根据气象观测数据制作的产品(输出)的组织、团体、个人。

(2)用户满意度

满意度是一种心理感受程度,用户满意与否,取决于用户接受产品/服务的感知与用户在接受之前的期望相比较后的体验。用户满意度是指在一定数量的目标用户中表示满意的用户所占的百分比,是用来测评用户满意程度的一种方法。

(3)投诉

指用户对所接受产品和服务的不满意,通过书面、口头、媒体发布、电话等方式提出异议和要求解决问题等行为,是用来体现产品/服务情况的表现。

3.14.4　职责

管理者代表审核用户满意度调查方案,审批用户反馈信息、用户满意度和用户投诉的报告。

观测与网络处组织制定内蒙古自治区气象观测数据用户满意度调查方案,组织区局相关处室、有关直属单位、盟(市)气象局、旗(县、市、区)气象局/台站实施,形成用户满意度调查报告并提交管理者代表;组织收集针对观测数据和产品的反馈和投诉,并形成报告上报管理者代表。

区局相关处室、有关直属单位、盟(市)气象局、旗(县、市、区)气象局/台站负责用户满意度调查表的发放、收集、整理、统计分析;负责与用户的联系,并保存相关记录;负责收集用户的需求和潜在要求等;负责收集职责范围内或行政范围内气象观测数据和产品的各类反馈和投诉信息,并将投诉信息上报观测与网络处。

3.14.5　工作程序

3.14.5.1　用户满意度调查方案的策划和编制

(1)观测与网络处每年应组织开展一次用户满意度调查活动;

(2)观测与网络处对调查活动进行策划,组织编制调查方案,区局相关处室、有关直属单位、盟(市)气象局、旗(县、市、区)气象局/台站参与调查方案的设计。调查方案至少包括:调查对象的选择、调查问卷的编制、调查的方式选择、调查的进度安排等,调查方案交区局气象观测质量管理体系负责人批准后实施;

(3)观测与网络处负责编制《内蒙古自治区气象观测数据和产品用户满意度调查问卷》(以下简称"问卷"),问卷应方便被调查单位/个人对调查事项进行选择和评价;

(4)问卷应根据当年实际工作和调查的需要,选择几个方面的问题和内容进行设计,经管理者代表审批后实施。未经批准,不得擅自发布和使用。

3.14.5.2　用户满意度调查对象

(1)调查对象包括气象系统相关机构及单位、行业用户、企业用户、个人用户及气象服务商;

(2)为保证调查的公正性和严肃性,对调查对象的信息实行严格保密,参加调查的工作人员要严格保守调查信息,不向被调查的相关部门透露任何关于调查对象的信息,以方便调查对象表达真实想法。

3.14.5.3 用户满意度调查

调查方式

用户满意度调查根据需要选择有效的方式进行，具体可包括：

1)采用发放专题问卷的方式，向特定用户进行调查；

采用发放专题问卷调查特定用户满意度时，应根据不同服务阶段的用户、不同服务提供的过程以及各阶段工作特点和需要设计调查问题；

对于不同服务的用户，调查表的问题和内容应有所区别。

2)采用互联网在线调查的方式，向非特定用户进行调查；

互联网在线调查可委托专业调查网站进行，采用网站提供的在线问卷编制、问卷发送、问卷回收、统计分析和数据下载等服务；

为保证调查数据的安全和保密，应与调查网站签订有关保密安全协议，明确数据安全和保密方面的内容。

3)采用召开会议的方式，向上级用户进行咨询满意度情况。

以座谈会形式为主。

3.14.5.4 用户满意度调查的计算方法

用户满意度计算方法：

调查问卷的用户满意度＝(∑回收问卷中满意和比较满意数÷问卷回收总数)×100%

3.14.5.5 调查结果分析及报告

调查结果分析应秉承公平公正，遵循客观事实，力求真实有效反映用户满意度情况。需重点关注用户不满意项的原因分析及用户提出的合理化改进建议；

观测与网络处应根据收集的调查资料，组织人员进行相关数据统计，采用适当的分析方法对用户满意调查结果进行分析；

观测与网络处在对调查结果进行相关数据统计分析的基础上，组织形成《用户满意度调查报告》，报告内容至少包括：调查情况简介、调查分析方法、用户满意度分析、问题建议统计及调查总结等；

《用户满意度调查报告》提交管理者评审。

3.14.5.6 用户反馈及投诉收集

(1)区局相关处室、有关直属单位、盟(市)气象局、旗(县、市、区)气象局/台站收集职责范围内和行政范围内的用户反馈信息及投诉信息，并报送观测与网络处。

(2)观测与网络处组织整理用户反馈及投诉信息，向管理者代表提交用户反馈信息和用户投诉的报告，报告至少包括：用户反馈信息分析、用户投诉信息分析、反馈及投诉处理意见等。

3.14.6 过程绩效的监视和考核

目标名称	计算公式或方法	目标值	考核频次	监视部门
用户满意度调查活动及时开展	计划和活动的一致性	1次	每年	观测与网络处
问卷回收率	问卷回收数/问卷发放数	90%	每年	观测与网络处

3.15　考核评估控制程序

3.15.1　目的

对内蒙古自治区气象观测质量管理体系的各项运行过程和气象观测产品及服务质量的特性进行监控和管理，以提升全区气象观测质量管理体系的绩效。

3.15.2　范围

适用于区局相关处室、有关直属单位、各盟（市）气象局、各旗（县、市、区）气象局/台站在气象观测质量管理体系运行过程中的质量监督、检查和考核。

3.15.3　术语

（1）质量管理

包括制定质量方针和质量目标，以及通过质量策划、质量保证、质量控制和质量改进实现这些质量目标的过程。

（2）体系（系统）

内蒙古自治区气象部门内部相互关联或相互作用的要素。

（3）绩效

组织期盼的结果。

（4）监视

确定内蒙古自治区气象局气象观测质量管理体系各项过程、产品、服务或活动的状态。

（5）测量

按照某种规律，用数据描述观察到的现象。

3.15.4　职责

管理者代表负责对质量监督、检查中发现的重大质量不合格的处置办法进行审批。

观测与网络处组织对区局相关处室、有关直属单位、各盟（市）气象局、各旗（县、市、区）气象局/台站质量目标、过程绩效指标的完成情况进行考核；组织对区局相关处室、有关直属单位、各盟（市）气象局、各旗（县、市、区）气象局/台站的质量管理体系的运行情况进行监督、检查。

区局相关处室、有关直属单位、各盟（市）气象局、各旗（县、市、区）气象局/台站制定本单位的质量管理监督、检查制度，负责对本单位在质量管理体系运行过程中相关工作活动的自查评价，并将本单位在监督、检查过程中发现的重大不合格项报送观测与网络处。

3.15.5　工作程序

3.15.5.1　内蒙古自治区气象观测质量管理体系的监督、检查机制

（1）自治区级监督、检查

1）由管理者代表组织区局相关处室、有关直属单位、盟（市）气象局与观测质量管理体系有关的运行事项、业务工作进行监督检查，并由相关处室建立监督、检查记录；

2）区局相关处室按照本程序及相关制度，对有关直属单位、盟（市）气象局、旗（县、市、区）气象局/台站实施专项业务检查；相关处室、直属单位组织开展本单位日常监督、检查，建立监督、检查记录。

(2)盟(市)级监督检查

由盟(市)气象局组织对相关科室、直属单位、旗(县、市、区)气象局/台站与观测质量管理体系有关运行事项、业务工作进行监督检查,并建立相关监督、检查记录。

(3)旗(县、市、区)级监督检查

由旗(县、市、区)气象局组织对所属台站、辖区内与观测质量管理体系有关运行事项、业务工作进行监督检查,并建立相关监督、检查记录。

3.15.5.2　监督、检查内容

(1)检查质量方针、各级质量目标、各级过程绩效指标的执行情况,参照《质量目标指标分解及考核程序》执行;

(2)检查岗位职责的落实情况;

(3)检查程序、相关规范性文件及控制措施实施情况;

(4)监督检查法律法规、规章制度的有效性;

(5)监督检查相关岗位日常管理、业务操作等相关记录建立情况、记录证据的保存情况;

(6)监督检查员工培训情况;

(7)检查各种装备运行情况;

(8)检查各项观测业务运行环境;

(9)检查安全生产、探测环境保护工作情况;

(10)上次监督、检查后提出的整改要求的落实情况;

(11)其他需要监督、检查的事项。

3.15.5.3　监督、检查的方式

(1)日常例行检查

日常的例行检查分两级进行:

1)各盟(市)气象局采取现场巡视方式,检查本部门制度执行情况、设备状态等;

2)各台站综合业务人员对观测设施、信息网络等运行维护情况进行例行检查;

3)以上内容应按照各级观测业务的作业指导书要求,做好相关记录,对于监督、检查发现的问题按照《纠正措施控制程序》进行纠正。

(2)年度监督检查

自治区级年度检查由区局组织,检查项目按照 3.15.5.2 条款进行,形成监督检查记录。针对发现的轻微的、偶发的不合格,可以采取现场口头纠正;严重的不合格情况,由检查部门出具《整改通知单》,按照《纠正措施控制程序》要求限期进行整改,并将整改情况报送观测与网络处。

(3)专项监督、检查

专项监督、检查一般根据上级管理部门的要求或专业工作的具体需要,由各级主管部门组织进行,专项监督、检查应明确检查项目、检查要求等。检查后由各级检查部门整理形成检查报告,针对发现的重大不合格,出具《整改通知单》,按照《纠正措施控制程序》进行纠正。

3.15.5.4　监督、检查的方法

(1)根据实际情况可以采取现场检查或自查等形式;

(2)监督、检查采用定性和定量检查相结合的方式。

3.15.5.5　质量监督、检查的考核评估

由区局相关处室在每年年底或适当时机，对监督、检查结果统计汇总分析，提出整改意见，形成评估报告，提交观测与网络处。

3.15.6　过程绩效的监视和考核

目标名称	计算公式或方法	目标值	考核频次	监视部门
不合格项的整改跟踪验证率	实际完成的整改项数/在考核期内开出的整改报告及整改项总数×100%	100%	每次监督、检查整改完成后	各级监督检查主管部门

3.16　质量改进控制程序

3.16.1　目的

确定和选择改进机会，并采取必要措施实施质量改进，逐步提升全区气象观测业务质量，提升用户满意度。

3.16.2　范围

适用于内蒙古自治区气象局气象观测业务相关的质量改进活动，包括重大的技术改进项目及日常渐进的质量改进活动。

3.16.3　术语

(1)质量改进

是质量管理的一部分，致力于提升满足质量要求的能力(ISO9000:2015 标准 3.3.8)。质量要求包括有效性、效率或可追溯性等。

(2)质量策划

是质量管理的一部分，致力于制定质量目标并规定必要的运行过程和相关资源(ISO9000:2015 标准 3.3.5)。

3.16.4　职责

观测与网络处负责审批"年度气象观测质量改进计划"及"重大质量改进项目方案"；负责全区气象观测业务质量改进计划实施情况的监督、检查；组织实施重大气象观测质量改进方案。

区局相关处室、有关直属单位、盟(市)气象局、旗(县、市、区)气象局/台站负责本单位质量改进机会的识别和确定，制定质量改进计划、质量改进方案，明确改进措施，实施本单位相关的质量改进工作。

3.16.5　工作程序

3.16.5.1　改进机会和改进方式的确定

(1)各单位应依据风险分析、质量目标考评、用户满意测评、分析与评价、内部审核、管理评审等结果，确定改进的需求和机会，明确质量改进方式和改进目标；

(2)质量改进包括两种基本方式：

1)日常渐进的质量改进：一般在各单位/部门内部进行改进，不需要专门立项。通过识别的改进需求，进行改进；

2)重大质量改进项目的实施,包括科研、创新等需要根据情况专门立项,并组建专门的团队完成。

3.16.5.2 改进的实施

(1)日常渐进的质量改进

各单位在日常工作中,根据本单位相关的目标管理要求及各种监控、测量、分析和评估结果,发现改进点并加以实施,实现日常渐进的质量改进:

1)各单位根据质量目标管理要求,确定本单位相关过程的质量目标和指标,明确本单位的改进方向和重点改进事项并加以实施;

2)通过定期的内部审核不断发现质量问题,寻求质量管理体系改进的机会并加以实施,具体执行《内部审核控制程序》;

3)通过对日常监控和测量发现的质量问题进行分析整改,实现质量改进,具体执行《纠正措施控制程序》;

4)通过分析和评估的结果,寻求改进机会进行改进;

5)通过管理评审输出的有关措施实现持续的质量改进,包括对质量管理体系的更新,具体执行《管理评审控制程序》;

6)鼓励业务人员积极提出合理化的建议和意见,由相关责任单位制定改进措施并组织实施。

(2)重大质量改进项目

1)由相关责任单位制定《项目建议书》和《项目可行性研究报告》,提出项目的可行性及预期收益;

2)主管部门负责组建项目组,明确组长和成员;

3)项目组根据《项目建议书》和《项目可行性研究报告》编制《重大质量改进项目方案》,明确改进项目目标、资源需求、具体措施及实施技术要求、需要配合的单位/部门、职责分工和接口关系、进度计划等内容,报主管部门审批;

4)项目组严格按照批复的《重大质量改进项目方案》实施改进,确保重大质量改进项目的落实;

5)各单位/部门根据情况上报气象观测业务科研或创新项目,具体执行《气象观测业务科研开发控制程序》。

3.16.5.3 质量改进效果的跟踪验证

(1)对于日常渐进的改进活动,各单位/部门根据情况自行组织跟踪验证,并保存相关记录;

(2)观测与网络处在管理评审前组织对质量改进项目实施效果跟踪评价,涉及文件修订的,应按《文件控制程序》执行。质量管理改进的评价结果应输入管理评审。

3.16.6 过程绩效的监视和考核

目标名称	计算公式或方法	目标值	考核频次	监视部门
重大质量改进项目通过验收率	通过验收的重大质量改进项目/重大质量改进项目总数×100%	100%	每年	观测与网络处

3.17　合同管理控制程序

3.17.1　目的

为防范内部控制风险，规范合同法律行为，预防和减少合同纠纷，保障本单位合法权益，特制定本控制程序。

3.17.2　范围

适用于综合观测保障业务要求的所有相关合同控制。

3.17.3　术语

合同是指各级气象主管机构及其所属的具有独立法人资格的行政事业单位和社会团体(以下简称各单位)在民事活动中，与其他平等主体的自然人、法人、其他组织之间设立、变更、终止民事权利义务关系的协议。

3.17.4　职责

合同承办部门负责合同的前期调研；负责合同的洽谈、合同文本草拟与修改；负责将合同资料报审查机构审查或根据需要报相关部门审批；负责合同的履行、纠纷处理等活动；负责保管合同文本及与履行、变更、解除合同有关的文件资料；负责合同履行完成后，合同文档的整理、移交。

办公室参与重大合同的起草、谈判、审查与订立；管理合同专用章；编制合同顺序号，建立和登记合同台账，并保存一份合同文本原件；参与合同纠纷的调解、仲裁、诉讼活动；定期检查和评价合同管理中的薄弱环节，采取相应控制措施，促进合同的有效履行；归档保存合同文档。

业务管理部门负责审查合同内容是否真实，是否符合业务目标、气象业务技术标准、服务指标或办公环境需要。

政策法规部门负责审查合同内容合法性及自身权利义务保护等条款。

财务管理部门负责核查收款合同中与物价部门核定的收费项目、标准是否一致；负责审查资金是否符合预算要求、合同款项支付是否符合约定和相关财务制度、合同款项收入是否按约定及时足额到账、合同执行中的各种票据是否符合相关规定。

审计部门负责对合同的相关事项进行监督、检查。

3.17.5　工作程序

3.17.5.1　合同的订立

(1)缔约前调查

合同承办部门和承办人负责调查了解合同相对方的主体资格、资信情况。

(2)缔约前洽谈

合同承办部门和承办人根据实际情况选择适合的洽谈方式，符合政府采购或公开招标条件的事项要按规定履行相关采购程序进行谈判、评标等活动。

(3)合同文本起草

合同承办部门和承办人根据谈判协商或招标结果起草合同。

(4)合同文本审核

1)各单位业务管理部门负责审查合同内容是否真实，是否符合业务目标、气象业务技术标准、服务指标或办公环境需要。

2)政策法规部门负责审查合同内容合法性及自身权利义务保护等条款。

3)财务管理部门负责核查收款合同中与物价部门核定的收费项目、标准是否一致;审查资金是否符合预算要求、合同款项支付是否符合约定和相关财务制度、合同款项收入是否按约定及时足额到账、合同执行中的各种票据是否符合相关规定。

4)审计部门负责对合同的相关事项进行监督、检查。

5)合同审核要填写合同审核单,各审核部门签署审核意见,并由部门负责人或授权人签字确认。

(5)合同报批

法律法规及上级规范性文件规定应当报经有关部门批准的合同,由承办部门按有关程序报请批准。

(6)合同签署

1)按照各单位内部控制制度规定,承办部门和承办人将合同交由单位法人或授权代理人签字并加盖公章或者合同专用章。

2)签订合同应当采用书面形式,至少一式四份。

3)合同文本一般应包括:当事人的名称和地址;标的、数量、质量;价款或者报酬、(收)付款方式;双方权利义务;履行期限、地点和方式;验收条款;服务承诺;违约责任;解决争议的方式,如果解决争议的方式选择仲裁,应当明确具体的仲裁机构;各方法人代表或授权代理人签字,签订合同时间。

4)拟定合同应做到:主要条款不漏项;标的额计算准确、标的物表达清楚;标的物质量有标准、检验有方法;提(交)货地点、运输方式、包装物和结算方式明确;提供服务的方式、标准和结算依据明确;文字表达严谨,不使用有歧义或含混不清的词语;违约责任认定明确,违约金的计算方法准确。

5)由合同相对方起草的合同,应特别关注合同内容是否准确反映本单位诉求和谈判达成的一致意见、"其他约定事项"等需要补充调整的栏目,如不存在其他约定事项时是否注明"此处空白"或"无其他约定"。

6)合同中应明确违约责任承担方式,承担违约责任的当事人应当承担继续履约、采取补救措施或者赔偿损失等责任。

7)合同中应约定损害赔偿的范围,承担违约责任的当事人给对方造成损失的,损失赔偿额相当于因违约所造成的损失,包括合同履行后可以获得的利益。

8)合同中应确定违约金支付方式,在合同违约责任条款中可以约定一方违约时应当根据违约情况向对方支付一定数额的违约金,也可以约定因违约产生的损失赔偿额的计算方法。

3.17.5.2 合同的履行

(1)履行合同义务

合同签订后,各单位应当按照合同约定全面履行自己的义务,合同承办部门应当及时处理履约过程中的问题,及时主张权利。合同的履行涉及其他部门的,合同承办部门应当及时协调相关部门;相关部门应当按照职责分工,积极履行合同的有关约定。

(2)合同价款结算

1)各单位应严格按照合同约定的价款、支付进度和付款方式等收取或支付合同价款。合同承办人员应当及时收集凭证单据,经相关审批后在规定时间内提交财务部门办理结算。财务部门应当将审批后的结算申请资料与合同相关条款进行核对，核对无误后办理结算业务。

2)收款合同承办人应将合同约定的价款及时、足额缴纳到财务部门，并由财务部门统一出具财政票据或税务部门印制的发票。开出发票但未收到价款的应及时催收，避免长时间形成呆账。原则上严禁以实物或服务抵扣合同价款，特殊情况下产生的非现金交易，必须签订补充协议，明确实物或服务的各项指标，收到的实物或服务必须入账。财务部门应重点审核所缴的现金、支票或汇票等的金额与所开具的票据金额是否一致，与合同协议金额是否一致，如涉及收费减免的，承办部门应提供收费减免批准文件或审批单。

(3)监控合同履行

各单位应当对合同履行情况实施有效监控，办公室不定期检查合同的履行情况，可采取重点检查和抽查的方式，针对合同管理中的薄弱环节进行跟踪监督。可以建立合同管理信息系统，跟踪合同履行进度。

3.17.5.3　合同的变更

经双方当事人协商一致可以进行合同变更，合同变更条件应符合《中华人民共和国合同法》相关要求。各单位合同变更应当根据原合同类别重新履行签订程序，签订补充协议或重新签订合同，通过政府采购或公开招标签订的合同，不得重新签订合同，补充协议不能超过合同价款的10%。非政府采购或公开招标签订的合同，变更后合同价款总额不得达到或超过政府采购或公开招标限额。

3.17.5.4　合同的文档管理

(1)登记管理

办公室应当加强合同登记管理，充分利用信息技术手段，可以建立合同管理信息系统，定期对合同进行统计、分类。详细登记合同的订立、履行、结算、补充或变更、解除等情况，合同终结后应及时办理销号和归档手续，实现对合同的全程管理。

(2)统一编号

办公室应按照时间顺序对各部门订立的合同进行编号管理，具体编码规则可由各单位根据日常合同业务量确定。

(3)保密管理

加强合同信息安全保密工作，未经批准，不得以任何形式泄露合同订立与履行过程中涉及的国家秘密、工作秘密或商业秘密。

(4)归档保存

1)合同履行完毕后，办公室应及时将合同文本及相关资料整理归档；项目合同应在项目验收后与项目其他档案一并移交办公室，非项目合同应在年度终了后三个月内移交办公室。办公室按照相关档案管理规定设定合同文件资料的保管期限。

2)应当归档保存的合同文件资料主要包括：正式签订的合同文本原件；合同履行过程中签订的有关补充协议、变更协议；合同订立的依据文件；缔约前洽谈过程中的背景资料、往来函电、会谈纪要、政府采购及招投标文档及与合同签订有关的资料；合同纠纷涉及的法院文书等资料；其他与合同签订有关的文件资料。

3.17.6 过程绩效的监视和考核

目标名称	计算公式或方法	目标值	考核频次	监视部门
合同签订符合规定要求	合同签订符合要求份数/考核期内签订合同总份数×100%	100%	每年	办公室

3.18 业务规划与管理控制程序

3.18.1 目的

对内蒙古自治区全区气象观测业务和相关服务过程进行管理，确保业务规划、项目建设、观测业务科研开发、站网管理、运行管理、装备保障、标准质量、数据传输、存储、数据质量控制等过程在受控条件下进行，确保提供的观测产品(观测数据)和服务满足用户的要求。

3.18.2 范围

本程序适用于业务规划、项目建设、观测业务科研开发、站网管理、运行管理、装备保障、标准质量、数据传输、存储、数据质量控制等活动所涉及的内蒙古自治区气象局相关处室、有关直属单位、盟(市)气象局、旗(县、市、区)气象局/台站工作现场和区域。

3.18.3 术语

(1)服务

为用户提供气象数据或初步加工后的气象数据产品的交付过程。

(2)过程

内蒙古自治区气象局相关处室、有关直属单位、盟(市)气象局、旗(县、市、区)气象局/台站利用输入产生预期结果的相互关联或相互作用的活动。

(3)气象观测

研究、测量和观察地球大气的物理、化学特性以及大气现象的方法和手段的一门学科。观测项目主要有气温、气压、湿度、风向、风速、降水、天气现象、辐射、能见度、土壤水分、雷电、大气成分等。

(4)站网

由地面、高空、雷达等各类气象观测站构成的气象观测网络。

3.18.4 职责

观测与网络处组织拟定全区观测业务发展规划，并负责重大建设项目的组织实施；组织管理气象观测新技术、新装备的研究开发，并负责新技术、新业务的推广应用及技术交流工作；组织制定全区各类气象观测站网布局规划或方案，并组织开展气象观测站的迁、建、撤以及气象探测环境保护工作，负责自治区级气象观测业务项目的调整工作；对观测业务运行所涉及的各项工作进行管理、协调、监督、检查和指导；负责全区气象观测业务的技术装备和技术保障管理工作；负责全区气象观测各类业务规范、管理制度建设的归口管理，并监督各项规章制度的执行和落实；组织管理全区气象观测数据传输、存储及质量控制等工作。

政策法规处负责气象探测环境保护法规、气象观测标准化等归口管理工作。

科技与预报处负责气象观测业务科研工作的归口管理工作。

计划财务处负责气象观测业务资产、资金等的归口管理。

人事处负责观测人力资源考核、培训等工作的归口管理。

大气探测技术保障中心按照职责做好全区站网建设实施、装备保障等工作。

区局气象信息中心负责全区气象观测数据的传输、存储、质量控制、共享、产品加工等工作。

区局气象干部培训学院负责观测人力资源考核、培训等工作。

盟(市)气象局负责本辖区内观测业务规划制定、站网管理、装备保障、数据管理等工作。

旗(县、市、区)气象局/台站负责本辖区内观测业务规划制定、站网管理、装备保障、数据管理等工作。

3.18.5　工作程序

3.18.5.1　观测业务规划制订与实施

(1)根据气象业务发展需要和全国观测业务规划，观测与网络处组织起草全区观测业务规划。规划起草应充分征求区局相关处室、有关直属单位、盟(市)气象局、旗(县、市、区)气象局/台站等相关单位意见；

(2)业务规划起草完成后，由观测与网络处组织召开专家论证会。通过论证后，由观测与网络处提交区局局长办公会审定、发布；

(3)业务规划发布后，区局有关直属单位、盟(市)气象局、旗(县、市、区)气象局/台站等单位应严格按照规划要求开展业务建设、运行等工作，推进本辖区观测业务的发展；

(4)区局相关处室、盟(市)气象局、旗(县、市、区)气象局/台站等相关单位需调整规划时，应报请内蒙古自治区气象局审批；

(5)盟(市)气象局、旗(县、市、区)气象局/台站应根据本辖区气象业务发展需要和上级部门下发的观测业务规划，制定本辖区的观测业务规划。

3.18.5.2　观测业务项目申报与建设

按照《气象观测业务建设控制程序》的规定执行。

3.18.5.3　观测业务科研开发

按照《气象观测业务科研开发控制程序》的规定执行。

3.18.5.4　观测人力资源培训考核

按照《人力资源管理控制程序》的规定执行。

3.18.5.5　站网管理

主要包括观测站网的规划设计，气象观测站的迁、建、撤和气象探测环境保护等，具体按照《站网规划控制程序》《气象设施和气象探测环境保护控制程序》《气象观测站迁建撤控制程序》执行。

3.18.5.6　运行管理

(1)业务运行管理

1)自治区、盟(市)、旗(县)三级气象职能部门负责本辖区内观测设备运行管理；

2)气象观测站负责观测设备运行和数据采集，并按照《数据采集控制程序》实施；

3)气象观测站负责按照有关规范要求开展设备维护，填写维护记录，并按规定归档、上报；相关单位依据分工负责天气雷达维护。具体按照《气象观测设备维护控制程序》和《气象观测设备标定与定标控制程序》执行；

4)大气探测技术保障中心负责全区观测设备运行监控工作，并按照《气象观测设备运行监控控制程序》执行；

5)区局气象信息中心负责数据传输网络系统的运行监控和维护工作，并建立相关运维记录，具体按照《数据传输及监控控制程序》执行。

(2)综合考核管理

1)观测与网络处每年依据上级部门要求，制定各类观测项目的考核指标，并印发内蒙古自治区气象局有关直属单位和盟(市)气象局执行；

2)内蒙古自治区气象局有关直属单位、盟(市)气象局、旗(县、市、区)气象局/台站依据指标要求开展工作；

3)每年年底观测与网络处依据相关单位的实际完成情况开展目标考评；

4)内蒙古自治区气象局有关直属单位、盟(市)气象局、旗(县、市、区)气象局/台站可依据上级部门指标制定本单位考核指标，对所属单位/部门进行考核；

5)具体办法按照《质量目标指标分解及考核控制程序》执行。

(3)业务准入与退出管理

观测业务的准入与退出由观测与网络处及区局有关直属单位、盟(市)气象局、旗(县、市、区)气象局/台站依据《业务运行准入与退出控制程序》执行。

(4)观测事故处置和应急观测管理

1)观测事故处置

观测事故处置工作按照《不合格管理控制程序》《纠正措施控制程序》和中国气象局《气象观测业务事故分级和认定管理办法(试行)》执行。

2)应急加密观测

应急加密观测包括申请、签发、执行、解除等工作内容，相关流程如下：

a. 申请单位根据需求填写应急观测申请表，并逐级报送观测与网络处；

b. 观测与网络处按有关要求审核后，下达应急加密观测指令，需要其他省份协助观测的，由内蒙古自治区气象局向中国气象局综合观测司申请；

c. 相关单位接到应急观测指令后，及时完成任务布置，盟(市)气象局组织气象观测站按要求开展观测，大气探测技术保障中心、气象信息中心做好装备保障、资料传输存储等任务；

d. 指令中明确加密结束时间的，则在最后一次加密观测完成后自动解除。指令中未明确加密结束时间或因故需要提前结束加密观测的，须由指令签发单位发加密观测解除指令；

e. 具体按照中国气象局《地面气象应急加密观测管理办法》《加密高空气象探测管理办法》《全区加密高空气象探测管理办法(试行)》的规定执行。

3.18.5.7 装备保障

(1)装备维修

装备维修分自治区、盟(市)、旗(县)三级，不同装备维修级别不同，其中：

1)国家天气雷达站实行中国气象局、自治区、台站三级维修；

2)自治区级地面气象观测站和应用气象观测站(农业气象)实行盟(市)、旗(县)两级维修；

3)其余装备依职责实行自治区、盟(市)、旗(县)分级维修；

4)各类气象装备的维修按照《气象观测设备维修控制程序》和《气象观测装备维修业务管理办法(试行)》的规定执行。

(2)备件供应

1)大气探测技术保障中心、各国家天气雷达站负责按照中国气象局三级雷达备件清单要求进行采购、储备和供应；

2)自治区级地面气象观测站和应用气象观测站(农业气象)备件由盟(市)气象局负责采购、储备和供应；

3)其余观测装备备件依职责由相关单位负责采购、储备和供应。具体按照《储备供应控制程序》要求执行。

(3)装备计量检定与标定

1)国家级地面气象观测站(含骨干站)由大气探测技术保障中心负责实验室检定；

2)自动土壤水分设备由大气探测技术保障中心负责标定，旗(县、市、区)气象局/台站配合；

3)大气成分观测设备校准由中国气象局气象探测中心负责组织，大气探测技术保障中心等单位配合；

4)新一代天气雷达定标由大气探测技术保障中心和台站共同完成，L波段雷达设备标定由台站负责完成；

5)具体按照《气象观测设备标定与定标控制程序》和《气象观测设备计量检定控制程序》的规定执行。

(4)运行监控评估

1)大气探测技术保障中心负责全区各类气象装备运行状态监控，并负责制作气象装备运行监控评估报告，根据业务发展制定本单位的设备运行监控评估制度；

2)具体按照《气象观测设备运行监控控制程序》以及《观测司关于印发综合气象观测系统仪器装备运行状况通报办法的函》执行。

3.18.5.8　标准规范控制

(1)由法律法规处组织，观测与网络处、大气探测技术保障中心、盟(市)气象局、旗(县、市、区)气象局/台站等配合，每年定期或适时对自治区气象局应遵守执行的法律法规、技术标准进行收集、更新和发布。

(2)由观测与网络处组织，大气探测技术保障中心、盟(市)气象局等配合，每年定期或适时对质量体系文件、各项业务操作规范进行收集、更新和发布。

(3)具体按照《标准规范控制程序》的规定执行。

3.18.5.9　观测数据传输、存储和质量控制

(1)盟(市)气象局、旗(县、市、区)气象局/台站

按照各自职责及业务操作规范要求，做好日常的设备端数据上传、存储和质量控制工作，并建立相关业务操作记录。做好盟(市)、旗(县)级信息网络系统的日常运行保障工作。

(2)自治区气象信息中心

1)负责全区数据收集、上传、存储、质量控制、共享等工作；

2)做好自治区级信息网络系统的日常运行保障工作；

3)指导、协助盟(市)气象局、旗(县、市、区)气象局/台站的数据网络系统保障工作。

具体按照《数据传输及监控控制程序》《数据质量控制程序》和《数据存储及数据服务控制程序》执行。

3.18.6 过程绩效的监视和考核

本程序的过程绩效目标、指标、考核频次、监视部门按照《考核评估控制程序》执行。

3.19 气象观测业务建设控制程序

3.19.1 目的

通过制定明确的规范和流程，对区局有关处室、相关直属单位、盟(市)气象局、旗(县、市、区)气象局/台站的气象观测业务相关的软、硬件项目建设进行控制和管理，以规避或消除相应的风险，确保项目建设实现预期结果。

3.19.2 范围

本程序适用于项目审批权限在内蒙古自治区各级气象部门，气象观测设施的新建、更新、升级，软件系统的开发、升级等气象观测业务相关建设项目的过程管理。审批权限属于中国气象局的按照《气象部门基本建设管理办法》(气发〔2012〕23号)执行。

3.19.3 术语

(1)项目建设单位

承担项目实施工作和建设任务的相关直属单位、盟(市)气象局、旗(县、市、区)气象局/台站。

(2)项目审批方

负责项目可行性研究报告、实施方案等审批的内蒙古自治区气象局及其内设机构。

3.19.4 职责

项目建设单位负责项目建设需求信息的收集、上报；负责项目建议书、可行性研究报告的编写、论证、报批，负责实施方案的编写、报批；负责项目采购的前期调研和组织实施；负责项目建设实施全过程管理、进度安排和质量监督；负责向上级管理部门报告项目实施进展；负责实施现场验收和试运行工作；负责建设项目财务管理，按规定组织开展财务决算审计工作；负责项目建设情况报告、测试报告、技术报告、应用情况报告、运行报告、归档情况报告编写、上报、归档；负责配合项目审批方做好项目验收工作。

项目审批方负责气象观测业务建设项目的下达、安排，项目可行性研究报告及实施方案的审批，组织项目验收和效益评价。

3.19.5 工作程序

3.19.5.1 执行程序

(1)需求分析(根据需要)；

(2)任务分解(根据需要)；

(3)可研审批；

(4)实施方案审批(根据需要)；

(5)项目采购；

(6)建设实施；

(7)测试及运行；

(8)项目验收；

(9)档案管理；

(10)效益评价；

(11)小型业务类建设项目根据建设内容特点，其程序可适度、合理简化，简化后的执行程序以项目审批方下发的正式文件为准。

3.19.5.2　需求分析

项目建设单位根据本单位业务发展方向，提出建设需求，必要时编写项目建议书(投资在1000 万元以上)，并将建设需求计划报送项目审批方。

3.19.5.3　任务确定

(1)项目审批方依据上级部门下达的建设规划、任务或年度实施方案，或本部门自立项目的投资计划，对各单位报送的建设需求进行收集分析，分解建设任务，判断项目建设单位，确定责任主体。审定通过后，确定并下达项目建设任务；

(2)项目建设单位接收建设任务，确定项目实施的具体人员和资源配置，进行对接。

3.19.5.4　立项审批

(1)项目建设单位严格遵照《气象小型建设项目可行性研究报告编制格式》的要求，组织编制项目可行性研究报告；

(2)项目可行性研究报告编制完成后，按照《气象部门项目论证工作细则》有关规定，由项目建设单位组织开展项目可行性研究报告论证工作，专家提出论证意见和建议，项目建设单位根据专家意见和建议，修改完善可行性研究报告；

(3)可行性研究报告通过论证后，项目建设单位以正式文件报请项目审批方审批；

(4)可行性研究报告获批后，如有需要，项目建设单位根据可行性研究报告的批复要求编写项目建设实施方案，报项目审批方进行审批；

(5)项目审批方根据职责权限或上级部门授权，对项目建设单位报送的可行性研究报告、项目建设实施方案中的业务需求、可行性、必要性、技术方案、建设进度、资金使用计划、保障措施及格式规范性等方面进行审核，并以正式文件予以批复；

(6)可行性研究报告或实施方案批准后，项目预算及资金用途变更预计超过 10%或项目建设内容发生重大调整的，项目建设单位应当以正式文件报请项目审批方审批，获得批准后，方可调整、变更。

3.19.5.5　项目采购

(1)项目建设单位按照批复的可行性研究报告及实施方案确定的采购方式组织实施，在“二上”确定预算或自立项目预算下达后，即可开展采购准备工作；

(2)列入集中采购目录或者达到采购限额标准以上的货物、工程、服务等，按照《中华人民共和国政府采购法》《中华人民共和国招标投标法》《气象部门政府采购管理实施办法》等相关法律、法规执行采购程序；

(3)限额标准以下的采购或委托开发项目的招标，按照内蒙古自治区气象局规定，由项目建设单位委托社会代理机构或按照相关规定程序组织实施；

(4)项目建设单位签订合同前，按照有关规定，组织专家对合同进行审定，明确质量要求、履约担保和违约责任。

3.19.5.6　建设实施

项目建设单位按照批复的可行性研究报告及实施方案组织开展项目建设，确保建设进度和质量，并及时向主管部门报告建设进展。

3.19.5.7 测试及运行

(1)项目建设完成后,项目建设单位按照可行性研究报告或实施方案要求,组织现场测试,编制测试报告;对于平台、系统、软件等委托开发项目,由项目建设单位组织测试专家组,制定测试方案,并按照测试方案进行系统功能测试,出具测试报告;

(2)测试通过后,项目建设单位向主管部门提交试运行申请,主管部门批复同意后,项目建设单位组织开展业务试运行工作;

(3)项目稳定运行且满足规定的业务试运行时间后,项目建设单位向主管部门提请业务验收、申请正式业务运行。

3.19.5.8 项目验收

(1)满足正式业务运行条件的项目,由项目建设单位组织开展现场验收,通过现场验收并在试运行期满后,提交业务验收申请;

(2)平台、系统、软件等委托开发项目的现场验收由项目建设单位邀请有关专家对委托开发项目进行评审;

(3)提交验收申请的项目按照其投资来源及数额,由内蒙古自治区气象局党组纪检组(审计室)采取委托审计(第三方会计师事务所)或内部审计方式,组织开展项目审计工作,由相关部门出具项目审计报告和决算报表;

(4)项目主管部门对项目建设单位提交的验收材料及相关部门出具的审计报告进行审核,达到验收要求的,由项目主管部门组织对项目进行验收;

(5)具备验收条件的项目,项目建设单位针对验收中发现的问题,制定整改计划并完成整改,向主管部门提交整改报告;不具备验收条件的项目,项目建设单位应当向项目主管部门提交书面说明,制定整改计划,限期完成整改,报送整改报告;

(6)项目建设单位在验收通过后,按照《气象部门基本建设项目竣工财务决算管理办法》有关要求,办理竣工财务决算、固定资产交接、登记手续。

3.19.5.9 档案管理

(1)项目建设档案包括项目建设及验收中形成的各类纸质、电子材料;

(2)项目建设档案在完成项目验收后一年内,由项目建设单位按照有关规定和技术要求整理、组卷,向自治区气象档案馆移交、归档;

(3)财务档案按照有关规定执行。

3.19.5.10 效益评价

(1)气象观测业务建设项目采取后评价方式,在项目完成验收、正式业务运行一年后,由项目主管部门组织有关专家或委托有资质的社会中介机构,开展项目后评价工作;

(2)承担后评价工作的专家或机构组织编制工作方案,构建评价指标,规范评估流程,对项目预期目标实现、建设方案和工程设计、建设周期、合同执行和项目投资效益(社会效益和经济效益)、运行维持经费等内容进行评价,并出具效益评价报告。

3.19.5.11 相关说明

3.19.5.2 至 3.19.5.10 条款的具体实施细则按照《气象部门基本建设管理办法》(气发〔2012〕23 号)、《气象部门合同管理办法》(气发〔2016〕69 号文)、《气象部门项目论证工作细则》(气办发〔2013〕56 号)、《气象部门政府采购管理实施办法》(气发〔2018〕19 号)、《内蒙古自治区气象局山洪地质灾害防治气象保障工程项目管理实施细则》(内气发〔2018〕96 号)和《档案管理规定及归档工作技术方案》(内气测函〔2017〕59 号)执行。

3.19.6　过程绩效的监视和考核

目标名称	计算公式或方法	目标值	考核频次	监视部门
项目建设进度符合率	按照批复的可行性研究报告或实施方案按期完成建设任务	100%	根据可研或方案安排	项目审批方
项目财务进度符合率	按照预算执行进度要求,3 月、6 月、9 月、年底分别达到 25%、50%、75%、98%以上	达标值	每季度末	项目审批方
项目验收合格率	验收合格项目/总验收项目×100%	100%	根据实施方案安排	项目审批方

3.20　站网规划控制程序

3.20.1　目的

为进一步规范气象台站站网规划管理工作,确保站网规划科学、合理,保证观测资料的代表性、准确性、连续性和可比较性,特制定本程序。

3.20.2　范围

本程序适用于气象观测站网的规划设计。

3.20.3　术语

(1)气象观测站

包括国家级(省级)地面气象观测站、天气雷达站、高空气象观测站、应用气象观测站等。

(2)气象观测站网

由国家级(省级)地面气象观测站、天气雷达站、高空气象观测站、应用气象观测站等构成的气象观测网络。

(3)迁移

指将本辖区内国家级(省级)地面气象观测站、天气雷达站、高空气象观测站、应用气象观测站等的观测场所、探测设施及配套的附属和基础设施迁移至新的地点。

(4)新建

指在本辖区内建设新的国家级(省级)地面气象观测站、天气雷达站、高空气象观测站、应用气象观测站等。

(5)撤销

指在本辖区内撤销国家级(省级)地面气象观测站、天气雷达站、高空气象观测站、应用气象观测站等。

3.20.4　职责

观测与网络处根据气象业务发展需要和国家有关规划,制定或细化全区站网规划;负责站网规划的组织实施和监督、检查。

盟(市)气象局根据气象业务发展需要和上级部门有关规划,制定或细化本辖区站网规划;负责本辖区内站网规划的组织实施和监督、检查。

旗(县、市、区)气象局/台站根据气象业务发展需要和上级部门站网规划,制定或细化本辖区站网规划;负责本辖区内站网规划的组织实施和监督、检查。

3.20.5 工作程序

3.20.5.1 规划起草

根据气象业务发展需要和国家有关规划，观测与网络处负责起草全区站网规划。规划起草应充分征求区局有关处室、相关直属单位、盟(市)气象局、旗(县、市、区)气象局/台站等相关单位意见。

3.20.5.2 专家论证及审定

站网规划起草完成后，由观测与网络处组织召开专家论证会。通过论证后，提交区局局长办公会审定、发布。

3.20.5.3 规划实施

站网规划发布后，区局有关处室、相关直属单位、盟(市)气象局、旗(县、市、区)气象局/台站等相关单位应严格按照规划要求开展站网建设(新建)、迁移和撤销等站网管理工作。

3.20.5.4 站网规划调整

盟(市)气象局、旗(县、市、区)气象局/台站等相关单位如有规划调整时，需报请区局审批。涉及中国气象局规划调整的，需报请中国气象局审批。

3.20.6 过程绩效的监视和考核

目标名称	计算公式或方法	目标值	考核频次	监视部门
调整上报及时率	及时上报调整站数/实际调整站数×100%	95%	每年	观测与网络处

3.21 气象探测设施和气象探测环境保护控制程序

3.21.1 目的

通过明确的规范和流程，对全区气象部门所属气象设施和气象探测环境进行监视、测量、控制和管理，及时、准确掌握气象设施和气象探测环境情况，确保观测资料的代表性、准确性、连续性和可比较性，并为气象观测站的新建、改建、扩建、迁移、撤销提供依据。

3.21.2 范围

本程序适用于旗(县、市、区)气象局/台站气象设施和气象探测环境监视、测量、控制和执法等过程管理。

适用台站包括国家基准气候站、国家基本气象站、国家气象观测站、国家高空气象观测站、国家天气雷达站、气象卫星地面站和省级气象观测站等气象台站。

3.21.3 术语

(1)气象设施

指气象探测设施、气象信息专用传输设施和大型气象专用技术装备等。

(2)气象探测环境

为避开各种干扰，保证气象探测设施准确获得气象探测信息所必需的最小距离构成的环境空间。

3.21.4 职责

观测与网络处负责全区气象设施和气象探测环境保护工作的组织实施及归口管理；负责全区“新建、扩建、改建建设工程避免危害气象探测环境行政许可”审批；负责全区各类气象设施和气象探测环境变化情况的收集、报送、通报。

政策与法规处负责全区气象设施和气象探测环境保护执法工作的指导、督导和咨询等。

大气探测技术保障中心负责气象设施和气象探测环境评估工作的技术支持；

盟(市)气象局负责行政区域内气象设施和气象探测环境保护工作组织实施和监督检查；负责行政区域内气象设施和气象探测环境保护法律、法规的宣传教育；负责会同城乡规划、国土资源等部门制定气象设施和气象探测环境保护专项规划，报本级人民政府批准后依法纳入城乡规划。负责将本辖区设置的气象设施基本情况、气象探测环境保护标准和范围向本级人民政府报告，并抄送同级发展改革、自然资源、城乡规划、住房和城乡建设、无线电管理、生态环境等部门和单位；对不符合气象探测环境保护要求的建筑物、构建物、干扰源等，地方各级气象主管机构应当根据实际情况，同有关部门提出治理方案，报本级人民政府批准并组织实施。负责全盟(市)气象设施和气象探测环境变化情况的收集、报送；负责本辖区影响气象设施和气象探测环境违法违规行为的执法工作，为所属旗(县、市、区)气象局/台站提供法律支持和援助；负责受理“新建、扩建、改建建设工程避免危害气象探测环境行政许可”，并组织初审工作。

旗(县、市、区)气象局/台站负责本辖区气象设施和气象探测环境保护工作的具体实施和监督、检查；负责本辖区气象设施和气象探测环境保护法律法规、标准的宣传；负责会同当地自然资源、城乡规划等有关部门制定气象设施和气象探测环境保护专项规划，报本级人民政府批准后依法纳入城乡规划；负责将本辖区设置的气象设施基本情况、气象探测环境保护标准和范围向本级人民政府报告，并抄送同级发展改革、自然资源、城乡规划、住房和城乡建设、无线电管理、生态环境等部门和单位；负责在气象设施附近显著位置设立保护标志，标明保护要求；负责对本辖区影响气象探测环境的违法违规行为开展执法、立案、调查、文书送达、执行以及资料整理和归档等工作；负责本辖区气象设施和气象探测环境变化情况的监控、记录、报送。

3.21.5 工作程序

3.21.5.1 保护范围及标准

(1)禁止实施下列危害国家基准气候站、国家基本气象站探测环境的行为：

1)在国家基准气候站观测场周边2000米探测环境保护范围内或者国家基本气象站观测场周边1000米探测环境保护范围内修建高度超过距观测场距离1/10的建筑物、构筑物；

2)在观测场周边500米范围内设置垃圾场、排污口等干扰源；

3)在观测场周边200米范围内修建铁路；

4)在观测场周边100米范围内挖筑水塘等；

5)在观测场周边50米范围内修建公路、种植高度超过1米的树木和作物等；

6)在观测场日出或者日落方向设置遮挡仰角大于5°的障碍物。

(2)禁止实施下列危害国家一般气象站探测环境的行为：

1)在观测场周边800米探测环境保护范围内修建高度超过距观测场距离1/8的建筑物、构筑物；

2)在观测场周边200米范围内设置垃圾场、排污口等干扰源；

3)在观测场周边100米范围内修建铁路；

4)在观测场周边50米范围内挖筑水塘等；

5)在观测场周边30米范围内修建公路、种植高度超过1米的树木和作物等；

6)在观测场日出或者日落方向设置遮挡仰角大于7°的障碍物。

(3)禁止实施下列危害高空气象观测站探测环境的行为：

1)在距观测场放球点50米范围内，设置影响气球施放的障碍物；

2)在制氢室、储(用)氢室的周边25米防火间距范围内修建民用建筑物、构筑物和铁路、道路，在50米防火间距范围内修建重要建筑物、构筑物和设置火源；

3)在制氢室、储(用)氢室的周围架设防火间距小于1.5倍电杆高度的架空电力线；

4)在使用卫星导航系统的高空气象观测站的地面接收设备四周100米距离内，设置对电磁波反射强烈的物体和大型水体；

5)在采用定向天线探测系统(雷达、无线电经纬仪)的高空气象观测站周围，设置对探测系统天线形成遮挡仰角大于5°的障碍物；在其高空盛行风下风方向±60°方位范围内，设置对探测系统的天线形成遮挡仰角大于2°的障碍物；

6)在使用卫星导航系统的高空气象观测站周围，设置对卫星导航系统接收天线形成遮挡仰角大于10°的障碍物。

(4)在新一代天气雷达站、气象卫星地面站以及其他气象观测站周边修建建筑物、构筑物或大型设施，应当符合国家规定的保护要求，不得对气象探测造成影响。

(5)盟(市)气象局、旗(县、市、区)气象局/台站按照相关规定，在气象设施附近显著位置设立气象探测环境保护标志，标明保护要求。

3.21.5.2 监视及报告

(1)旗(县、市、区)气象局/台站每日对所属国家基准气候站、国家基本气象站、国家一般气象站、高空气象观测站、天气雷达站周边保护范围内气象探测环境变化情况进行巡视，并记录在值班日志中；

(2)盟(市)气象局、旗(县、市、区)气象局/台站在区域气象观测站等设备巡查工作中对周围气象探测环境变化情况进行观察，并记录在巡查维护报告中；

(3)旗(县、市、区)气象局/台站于每月第一个工作日填写《气象探测环境变化月报告书》，报送盟(市)气象局；盟(市)气象局收集、汇总后，于每月第三个工作日前报送观测与网络处；观测与网络处收集、汇总全区信息，于每月第五个工作日前报送中国气象局；

(4)国家级台站周边气象探测环境已经或即将遭受破坏，且不符合气象探测环境保护有关规定的，盟(市)及旗(县、市、区)气象局/台站要及时进行评估，并向主管部门报告，同时向当地人民政府及发展改革、城乡规划等部门报告。

3.21.5.3 调查执法

(1)旗(县、市、区)气象局在检查中发现气象探测环境已经或即将遭到破坏的违法行为，经初步调查后，认为需要立案办理的，填写《气象行政执法立案审批表》，报经盟(市)气象局负责人批准后立案；

(2)执法人员以调查询问笔录、现场勘验、委托鉴定等方式开展调查取证工作，编制《案件调查终结报告》，报盟(市)气象局；

(3)盟(市)气象局收到《案件调查终结报告》后三日内，组织集体讨论，做出案件处理决定；对违法行为拒不改正、集体讨论会议决定给予行政处罚的，出具《气象行政处罚告知书》，并送达当事人；

(4)当事人对《行政处罚告知书》进行陈述和申辩的，盟(市)气象局应当在三日内再次组织集体讨论，并做出变更或处罚决定；

(5)对违法事实清楚、证据确凿、执法过程符合法定程序的案件，及时制作《气象行政处罚决定书》，并在作出处罚决定之日起七日内，将行政处罚决定书送达当事人；

(6)对符合气象相关法律法规和《内蒙古自治区行政处罚听证程序规定》的，在作出行政处罚决定之前，下发《听证告知书》，并根据当事人要求组织听证；

(7)按照相关规定对气象行政处罚开展结案、备案和归档。

3.21.5.4　行政许可

(1)盟(市)气象局在收到申请人提交的“新建、扩建、改建建设工程避免危害气象探测环境行政许可”全部申请材料之日起五个工作日内，依照相关法律法规作出受理或者不予受理的决定，并出具书面凭证；

(2)对于受理的申请，盟(市)气象局对申请材料进行初审，并组织现场踏勘，通知申请人或者其代理人到场，并在现场踏勘记录表上签署明确意见；

(3)盟(市)气象局自受理之日起二十个工作日内将全部申请材料和初审意见报区局观测与网络处审批；

(4)区局观测与网络处对申请材料进行全面审查，必要时可组织现场复查和专家论证；经审查符合有关法律法规和标准要求的，在收到全部申请材料和初审意见之日起二十个工作日内作出准予许可的书面决定；不符合要求的，作出不予许可的书面决定，并说明理由；二十个工作日内不能作出决定的，经区局观测与网络处负责人批准，可以延长十个工作日，并及时将延长期限的理由书面告知申请人；行政许可决定作出后，在十个工作日内送达申请人。

(5)在行政许可审批过程中需要按照有关法律规定进行技术审查(含现场踏勘)的，所需时间不计入审批时间内；技术审查(含现场踏勘)时间一般不超过一个月，区局观测与网络处或盟(市)气象局将所需时间书面告知申请人；

(6)区局观测与网络处在作出许可决定前，告知申请人、利害关系人享有要求听证的权利。

3.21.5.5　宣传公示

盟(市)气象局、旗(县、市、区)气象局要采用宣讲报告、主题活动、问卷调查、门户网站等多种方式，主动向地方政府、相关部门、建设单位、社会公众宣传公示气象探测环境保护的法律法规、保护标准、保护范围，宣传气象行政许可的办理流程。

3.21.6　过程绩效的监视和考核

目标名称	计算公式或方法	目标值	考核频次	监视部门
气象探测环境月报告上报及时率	按时报送的气象探测环境月报告个数/应报送的气象探测环境月报告个数×100％	100％	每月	区局观测与网络处

3.22　气象观测站迁、建、撤控制程序

3.22.1　目的

规范气象观测站的新建、迁移和撤销管理工作，确保观测资料的代表性、准确性、连续性和可比较性，提高气象观测业务质量。

3.22.2 范围

本程序适用于国家级地面气象观测站（国家基准气候站、国家基本气象站、国家气象观测站，下同）、国家高空气象观测站、国家天气雷达站、自治区级气象观测站、应用气象观测站（农业）（自动土壤水分观测站）的新建、迁移和撤销工作。

3.22.3 术语

（1）新建

指在本辖区内建设新的国家级地面气象观测站、国家高空气象观测站、国家天气雷达站、自治区级气象观测站、应用气象观测站（农业）（自动土壤水分观测站）等。

（2）迁移

指将本辖区内国家级地面气象观测站、国家高空气象观测站、国家天气雷达站、自治区级气象观测站、应用气象观测站（农业）（自动土壤水分观测站）等的观测场所、探测设施及配套的附属和基础设施等从现址迁移到新址的活动。

（3）撤销

指在本辖区内撤销国家级地面气象观测站、国家高空气象观测站、国家天气雷达站、自治区级气象观测站、应用气象观测站（农业）（自动土壤水分观测站）等。

（4）申请人

指提出迁建气象观测站申请的主体。

（5）站址

各类气象观测站所在的地理坐标位置。

（6）气象探测环境

指为避开各种干扰，保证气象探测设施准确获得气象探测信息所必需的最小距离构成的环境空间。

3.22.4 职责

观测与网络处受理各类气象观测站新建、迁移和撤销申请，负责申请材料的完整性、规范性技术审查；负责组织国家级地面气象观测站、国家高空气象观测站、国家天气雷达站新建、迁移站址的现场踏勘，组织开展拟选站址科学性、合理性、可行性评估，出具评估意见；组织开展新址建设和验收。通过验收后，组织开展新址启用；监督、指导气象观测站新建、迁移和撤销的实施。

计划财务处负责新建、迁移台站业务用房及基础设施建设规划评估与审查；负责指导新建、迁移台站业务用房及基础设施建设；负责监督指导迁移、撤销台站资产评估和处置。

大气探测技术保障中心负责新建、迁移台站实地踏勘和技术审查工作；负责新建、迁移台站气象设施建设的技术指导；负责天气雷达高空气象观测装备的现场测试。

气象信息中心负责迁移台站对比观测资料收集、审核和归档；负责撤销气象观测站的气象记录档案的接收、整理和归档。

盟（市）气象局负责会同当地人民政府进行气象观测站新址初选、勘察工作；负责新建、迁移、撤销申请材料的编制，上报内蒙古自治区气象局；负责组织新址建设、设备安装，并依据职责组织现场验收；负责组织新址启用工作；依据职责组织开展台站撤销工作。

旗（县、市、区）气象局/台站负责与申请人的沟通协调工作，监督各项承诺的落实；依据职责负责新址建设、设备安装及其他建设工作；依据有关要求负责组织开展新、旧站址的对比观测和新址试运行；负责撤销台站的具体实施，进行气象记录档案整理和移交，按照批复和财务规定进行固定资产评估和处置。

3.22.5　工作程序

3.22.5.1　国家级地面气象观测站、国家高空气象观测站、国家天气雷达站

(1)新建、迁移、撤销申请及批复

1)盟(市)气象局按照有关要求对新建、迁移本辖区内气象观测站与申请人进行沟通，确定是否需要迁建。

2)盟(市)气象局会同申请人与内蒙古自治区气象局协商，经同意后启动准备工作；

3)盟(市)气象局会同当地人民政府提出 2 个以上迁建初选站址，大气探测技术保障中心对初选站址现场踏勘；

4)选址时如涉及无线电频率事宜，聘请有资质的单位进行电磁环境测试，同时向自治区无线电管理部门申请办理频率使用许可和设台执照；

5)申请人或委托人编写申请材料，向内蒙古自治区气象局提交申请；

6)观测与网络处组织对申请材料进行审查，对其科学性、合理性、可行性进行评估；

7)申请新建、迁移和撤销国家基准气候站、国家基本气象站、国家高空气象观测站、国家天气雷达站的，由内蒙古自治区气象局报送中国气象局审批；其他气象观测站新建、迁移和撤销申请由观测与网络处审批，并报中国气象局备案。

(2)新址建设

1)经审批通过的，由观测与网络处、计划财务处、盟(市)气象局共同监督、指导气象观测站新建工作；

2)旗(县、市、区)气象局/台站监督落实各项承诺，督促在三年内完成全部建设内容；

3)大气探测技术保障中心对设备安装调试等进行技术指导，对高空气象观测设备、天气雷达设备进行现场测试；

4)通过现场验收后，旗(县、市、区)气象局/台站开展业务试运行。

(3)业务验收和批复启用

1)国家级地面气象观测站新址完成建设并试运行 1 个月后，盟(市)气象局组织对新址观测场、设备安装和业务值班室进行现场验收。国家高空气象观测站调试安装正常运行后、国家天气雷达站进行测试运行至少 3 个月后由观测与网络处组织开展现场验收；

2)现场验收合格后由观测与网络处按照有关要求组织业务验收，出具业务验收报告；

3)国家级地面气象观测站新址通过业务验收后，10 月底前由盟(市)气象局提出新址启用申请，经观测与网络处审查核实后上报中国气象局综合观测司。经批复同意后，于 1 月 1 日(12 月 31 日 20 时后)启用新址，旧址停止运行；

4)国家高空气象观测站、国家天气雷达站通过现场验收后，由观测与网络处报请中国气象局综合观测司审批，经批准后，正式投入业务试运行；

5)地面气象观测站完成不少于一年的连续对比观测后，旗(县、市、区)气象局/台站在正式运行的当年 1 月底前将审核后的新址、旧址地面气象观测数据文件(A 文件)报送信息中心归档。

3.22.5.2 自治区级气象观测站、应用气象观测站(农业)(自动土壤水分观测站)和国家气象观测站(指骨干站、无人站)

(1)新建、迁移、撤销申请及批复

1)盟(市)气象局按照业务发展规划和服务需求对本辖区内自治区级气象观测站、应用气象观测站(农业)(自动土壤水分观测站)和国家气象观测站(指骨干站、无人站)的新建、迁移、撤销提出申请,指导旗(县、市、区)气象局/台站完成迁建选址;

2)盟(市)气象局、旗(县、市、区)气象局/台站共同完成新建、迁移、撤销申请材料编制;

3)观测与网络处对申请材料进行审查和批复,必要时组织对站址现场踏勘。

(2)新址建设

1)观测与网络处审批通过后,由观测与网络处、盟(市)气象局监督、指导气象观测站新建、迁移等工作;

2)由旗(县、市、区)气象局/台站承担新建、迁移气象观测站具体建设实施工作。

(3)业务验收和批复启用

1)新建、迁移气象观测站建成后由盟(市)气象局组织现场验收,出具验收报告;

2)应用气象观测站(农业)(自动土壤水分观测站)及时开展土壤常数测定、田间标定、业务化检验等工作,上报相关数据至大气探测技术保障中心审核,并将审核结果报观测与网络处,由观测与网络处上报中国气象局综合观测司,根据综合观测司正式批复方可正式业务运行;

3)审核通过后由盟(市)气象局向观测与网络处提出启用申请;

4)观测与网络处对盟(市)局上报的新建、迁移气象观测站启用申请进行审核、批复启用;

5)旗(县、市、区)气象局/台站启用新建气象观测站。

3.22.6 过程绩效的监视和考核

目标名称	计算公式或方法	目标值	考核频次	监视部门
上报材料的审查合格率	审查合格的项数/总项数×100%	100%	持续	观测与网络处
迁建台站材料完整性	按照《气象台站迁建行政许可管理办法》要求	完全符合	有迁站时	观测与网络处

3.23 气象观测业务科研开发控制程序

3.23.1 目的

通过制定明确的规范和流程,对区局观测业务科研项目的立项、实施、验收及输出等各阶段质量进行控制和管理,提高科技支撑观测业务的能力和水平。

3.23.2 范围

本程序适用于区局每年观测业务科研项目的全过程质量控制。

3.23.3 术语

(1)评审

为确定主题事项达到规定目标的适宜性、充分性和有效性所进行的活动。

(2)验证

通过检验提供的客观证据,证实规定要求已得到满足的活动。

(3)确认

通过提供客观的产品和服务，来认定规定的使用要求或预期用途已得到满足的活动。

3.23.4 职责

科技与预报处组织项目的评审、立项、调整和撤销、验收工作，协调处理项目立项、实施、验收、知识产权管理等过程中的有关问题。

观测与网络处提出年度项目立项建议、参与项目评审、验收等工作，对拟立项项目的任务目标、考核指标进行审查把关。

项目专家审查项目申报书，给出立项建议；审查验收文档资料，听取项目组汇报，查看仪器、仪表等硬件及平台(系统)等软件，质疑和讨论项目执行情况和产出成果，形成项目验收意见(结论)。

项目承担单位按要求组织编报、审核项目申报材料；依据签订的项目合同书，落实项目约定的保障条件，组织项目实施；协调处理项目执行过程中的有关问题，及时报告项目执行中出现的重大事项；配合做好项目验收工作。

3.23.5 工作程序

3.23.5.1 项目申报与立项

(1)项目来源

项目来源包括但不限于以下内容：

1)中国气象局气象科技发展规划、区局科研计划、气象观测业务发展规划、气象信息化工作方案；

2)中国气象有关职能司、有关直属单位下达的科研开发项目要求；

3)观测业务技术标准的升级；

4)外出调研获取的观测业务方面的相关信息；

5)中外气象行业观测业务新技术发展动向；

6)气象观测业务年度重点工作、年度科研开发工作计划和临时计划等。

(2)项目申报

1)科技与预报处发布项目申报通知，提出项目申报相关要求；

2)区局相关直属单位、盟(市)气象局、旗(县、市、区)气象局根据观测业务重点支持方向和申报通知要求，组织本单位业务人员申报；

3)业务人员自行组建研发小组，编写项目申报书，包括项目的目的意义和必要性、主要研究内容、中外现状及发展趋势、项目技术路线和进度安排、预期成果和考核指标、项目工作基础和实施条件、经费概算、成果业务应用预期分析等内容；

4)区局相关直属单位、盟(市)气象局择优推荐到科技与预报处。

(3)项目评审立项

1)科技与预报处汇总申报项目，对申报材料形式和申报人资格进行初步审查，对通过形式审查的项目送同行业务技术和管理专家进行评审；

2)同行业务技术专家、管理专家依据项目申报书进行书面或网络评审，形成评审意见；

3)科技与预报处对评审意见进行汇总整理，提出项目立项建议上报区局科技委员会会议综合评审；

4)区局召开科技委员会会议，确定立项项目，科技与预报处起草项目立项计划文件，由区局批准印发。

3.23.5.2 项目策划、输入与实施

(1)项目策划、输入

项目负责人组织项目组成员根据区局立项文件要求，编制项目合同书，确定项目输入内容，项目合同书是科研开发的策划和输入文件，包括以下内容：

项目的目的、意义和必要性；

项目主要任务(研发内容、技术路线、技术难点与创新点)；

项目验收考核指标(技术指标、成果指标、业务服务效益指标)；

进度安排及阶段(含评审、验证和确认的安排)；

项目工作基础和实施条件；

项目经费预算、支出说明；

成果业务应用预期分析；

项目组成员等。

符合以下要求：

项目前期研究基础较好，组织实施条件有保障，实施方案和经费配置合理、科学、可操作；

项目合同书目标任务明确具体，对于执行结果可测的项目，考核指标必须量化；对于执行结果不可测的项目，考核指标必须有准确含义的定性说明；

项目在1～2年内能够完成，完成后能在业务中转化应用或推广；

项目能够培养锻炼业务科技人员的研究开发能力，带动人才发展。

(2)项目实施

1)项目负责人负责组织项目实施，具有技术路线决策权、经费支配权和资源调动权，在项目执行过程中，项目负责人要适时组织专家对项目研究开发的技术、方法、阶段结果进行咨询、验证，并根据项目需要，在研究方向不变、不降低考核指标的前提下，自主调整研究方案和技术路线，确保项目研究开发的顺利进行；

2)项目承担单位要督促项目组按计划开展工作，监督、检查项目执行情况和经费使用情况，协调并处理项目执行过程中的有关问题，及时报告项目实施中的重大问题。

(3)项目变更、延期、调整或撤销

1)项目实施期间如确需进行项目考核指标调整或项目负责人变更时，项目承担单位应当及时向科技与预报处提出书面申请，说明原因，经批准后执行；

2)项目因客观原因不能按期完成的，原则上项目最多只能延期一次，期限一般不超过半年。项目承担单位应在研发期结束前提出书面申请，说明理由，报科技与预报处审核，经批准后，方可延期；

3)项目实施过程中，因气象业务发展、项目研究价值等情况发生重大变化，造成项目原定目标需要修改的；匹配的自筹资金或其他条件不能落实，影响项目正常实施的；技术引进与合作等发生重大变化导致项目实施无法进行的；由于其他不可抗拒的因素，致使项目实施不能正常进行的，应及时调整或撤销，凡需调整的项目，项目承担单位应及时向科技与预报处提出书面调整方案建议，办理报批手续，并按批复后的调整方案执行。

3.23.5.3　项目验收

(1)验收申请

项目研究期满,项目负责人要按《内蒙古自治区气象局科研项目管理办法》的要求准备验收材料,项目研究期满三个月内完成项目验收材料的准备,项目通过本单位预验收后,由单位申请科技与预报处组织验收。

(2)验证与确认

1)项目执行期满后,项目负责人应当及时清理账目与资产,如实编制项目资金决算报告书,由项目承担单位自行选择会计师事务所进行项目资金使用情况审计,无保留意见的审计报告视为项目通过财务审计。审计报告有保留意见的,项目承担单位应进行整改;

2)项目研制出的软件、系统、平台或仪器设备等成果,要进行成果应用测试,测试是否达到设计的功能和性能要求,形成测试报告。测试由科技与预报处组织或委托进行,测试组成员一般由同行技术专家组成,组长 1 名,成员 2 名;

3)根据研发工作方案、实施计划,选择试点单位,对关键技术装备的性能、关键观测数据、关键业务系统、业务操作规范等进行验证,并从设备性能的稳定性、系统的可操作性、数据的可用性、用户的体验等方面进行评价,客观表述业务能力的提升情况;

4)项目承担单位向科技与预报处提出验收申请,并提交项目验收全部文档资料,经审核通过后,科技与预报处适时组织验收。验收材料审核不合格的,项目承担单位应当在 10 个工作日内进行补正;

5)科技与预报处聘请同行专家组成验收专家组,验收专家组由熟悉了解相关专业技术和管理等方面的专家组成,专家人数不少于 5 人,项目验收一般应采取会议验收方式进行,特殊情况可通过函审方式进行;

6)验收专家主要以批准的合同书和项目变更批复文件等为依据,在审阅验收资料或听取项目组汇报的基础上,查看仪器、仪表等硬件及平台(系统)等软件,经质疑和充分讨论,对项目完成情况给出客观评价,给出是否通过验收的意见。

3.23.5.4　项目输出

(1)产权归属

项目通过验收后,所产生科技成果的知识产权归内蒙古自治区气象局和完成单位共有。

(2)输出内容

项目负责人应及时根据验收专家提出的意见对验收材料进行修改,向科技与预报处提供一套完整的验收资料,内容包括:验收材料汇编、工作总结报告、技术总结报告、业务试应用效益分析报告、审计报告,根据项目性质和实施情况,还应按需提供以下材料:

项目调整批复文件、产品检测报告(或检验报告)、现场查定报告、数据集、系统测试报告、系统使用手册、源程序代码、专利证书或专利受理通知书、标准文本、论文、论著、用户使用证明等;

项目通过验收后,项目承担单位要及时完成成果登记。

3.23.5.5　相关说明

科研开发项目的具体实施细则按照《内蒙古自治区气象局科研项目管理办法》执行。

3.23.6 过程绩效的监视和考核

目标名称	计算公式或方法	目标值	考核频次	监视部门
项目合同书审查合格率	合同书合格项目数/合同总数×100%；根据《内蒙古自治区气象局科研项目管理办法》第十七条、十八条规定，审查	≥95%	根据需要	科技与预报处
项目财务进度符合率	按照预算执行进度要求，3月、6月、9月、年底分别达到25%、50%、75%、98%以上	达标值	每季度	计划财务处
项目申请验收材料审查合格率	申请验收材料合格项目数/申请验收项目总数×100%；根据《内蒙古自治区气象局科研项目管理办法》第三十二条规定，审查	≥80%	每年	科技与预报处
项目成果登记、验收材料归档及时率	实际及时完成成果登记、归档项目数/应登记、归档成果总数×100%；根据《内蒙古自治区气象局科研项目管理办法》第四十二、四十四条规定，审查	≥95%	每年	科技与预报处

3.24 气象观测设备运行监控控制程序

3.24.1 目的

确保全区气象观测设备运行监控值班及故障识别、响应、处置及验证等任务规范、有序开展，保障各类气象观测设备稳定运行、准确探测。

3.24.2 范围

本程序适用于全区各类纳入业务考核的气象观测设备运行状态实时监控，包括运行监控业务系统内基础信息(站网、人员等)管理、设备运行状态实时监控、设备运行异常(故障)识别及信息发布、运行监控业务系统内填报信息审核等环节。

3.24.3 术语

(1)运行监控

依托运行监控业务系统，以全区纳入业务考核的各类气象观测设备为对象，实时动态收集气象观测设备运行状态和设备告警信息，通过运行监控业务系统内置算法，自动识别气象观测设备运行状态。遇有气象观测设备运行异常(故障)时，及时发布监控信息，为气象观测设备维修保障提供支持。

(2)运行监控基础信息

运行监控基础信息是指在运行监控业务系统中包含的气象观测设备观测数据、状态数据、告警信息、维护维修信息、人员信息、环境信息等。

(3)气象观测设备运行异常

气象观测设备运行异常是指在运行监控业务系统中相关气象观测设备运行监控页面所展示的数据未到、数据错误、数据可疑等情况。

3.24.4 职责

观测与网络处负责全区运行监控业务组织部署、监督、考核。

大气探测技术保障中心负责对全区纳入业务考核的气象观测设备运行状态进行实时监

控;负责运行监控业务系统维护;负责全区气象观测设备运行监控业务系统远程技术支持;负责全区纳入业务考核的气象观测设备运行异常(故障)信息的编制和发布;负责本单位运行监控业务、职责流程的制定和完善;负责全区各类气象观测设备运行监控基础信息的核准。

盟(市)气象局负责组织实施本辖区运行监控业务;负责对本辖区提供运行监控业务技术支持。

旗(县、市、区)气象局/台站发现本辖区气象观测设备异常(故障)或接到上级部门通知后,及时核实并响应;负责收集、上报本辖区运行监控相关基础信息;负责本辖区运行监控业务、职责流程的制定和完善。

3.24.5 工作程序

3.24.5.1 气象观测设备运行状态实时监控

按照职责,相关部门对本辖区纳入业务考核的各类气象观测设备运行状态进行实时监控,并按照本部门制定的业务流程和工作记录表,对气象观测设备运行状态进行记录。

3.24.5.2 气象观测设备运行异常(故障)识别与响应

大气探测技术保障中心运行监控值班人员依托运行监控业务系统,自动或人工判别气象观测设备运行状态。气象观测设备运行异常(故障)属实时,及时告知各级业务管理人员和技术保障人员,并提醒、指导、督促、核实台站在运行监控业务系统中填报维护、维修单据。

台站发现所辖范围内气象观测设备异常(故障)或接到上级部门通知后,及时在运行监控业务系统中填报维护、维修单据,并根据维护、维修进展更新所填单据。

3.24.5.3 气象观测设备运行状况信息发布

依据《气象观测设备运行监控自治区级作业指导书》,大气探测技术保障中心运行监控值班人员适时对外发布全区气象观测设备运行状况信息。

3.24.6 过程绩效的监视和考核

目标名称	计算公式或方法	目标值	考核频次	监视部门
监控错误率	监控室内部质量管理过程中发现并核实的异常情况漏判次数和错判次数之和/月	≤2	每月	大气探测技术保障中心
监控延误率	监控室内部质量管理过程中发现并核实非系统及算法原因造成的异常问题延误时发现和处理的时间(h)之和/月	≤12 h	每月	大气探测技术保障中心
信息发布延时率	人为原因造成的信息发布延迟次数/信息发布次数×100%	≤5%	每月	大气探测技术保障中心
信息发布错误率	人为原因造成的信息发布有误次数/信息发布次数×100%	≤5%	每月	大气探测技术保障中心

3.25 储备供应控制程序

3.25.1 目的

规范内蒙古自治区气象局气象观测设备、配件的计划、采购、调拨、出入库、报废等仓储物资管理工作。

3.25.2　范围

本程序适用于内蒙古自治区气象局气象观测设备、配件采购计划编制及审批过程、合同签订、验收入库、调拨出库、报废等过程的控制和管理。

3.25.3　术语

(1)配件

用于保障气象观测业务设备正常运行所需且不具有独立的使用价值的零部件,包括但不限于新一代天气雷达分机、L 波段探空雷达组件、电路板、传感器、采集器、业务终端、线缆、辅助件等。

(2)收料单

统一采购的气象观测设备、配件,在验收合格入库时所开具的记录凭证。

(3)发料单

根据气象观测设备、配件采购计划,将气象观测设备、配件调拨出库时所开具的记录凭证。

(4)调拨单

气象观测设备、配件在相关单位之间进行固定资产调拨时所开具的单据。

3.25.4　职责

观测与网络处负责全区气象观测设备、配件购置、使用等供应业务规范性文件的审定、印发;负责全区年度气象观测设备、配件采购计划的备案;负责对全区气象观测设备、配件供应业务监督、考核。

计划财务处根据全区年度气象观测设备、配件采购计划,批准下达相关部门采购经费;负责全区气象观测设备固定资产调拨与报废申请的审批。

大气探测技术保障中心负责编制气象观测设备、配件采购计划,并上报相关部门;负责外部供方的选择、评价;负责采购合同的起草、初审、签订,采购合同的执行及跟踪;负责采购的气象观测设备、配件的验收、出入库、库存对账;负责气象观测设备、配件的仓储、调拨、报废;负责收集本辖区所采购气象观测设备、配件的相关资料并归档;负责进行仓储物资盘点;负责编制年度采购计划实施情况报告,并上报观测处备案。

盟(市)气象局负责外部供方的选择、评价;负责本辖区零星的气象观测设备、配件的采购;负责本辖区采购的气象观测设备、配件的验收、出入库;负责本辖区气象观测设备、配件的仓储、调拨、报废;负责收集本辖区所采购气象观测设备、配件的相关资料并归档;负责进行本辖区仓储物资盘点。

旗(县、市、区)气象局/台站负责外部供方的选择、评价;负责本辖区零星的气象观测设备、配件的采购;负责本辖区采购的气象观测设备、配件的验收、出入库;负责本辖区气象观测设备、配件的仓储、报废;负责收集本辖区所采购气象观测设备、配件相关资料并归档;负责进行本辖区仓储物资盘点。

3.25.5　工作程序

3.25.5.1　采购计划编制

各级采购部门分析气象观测设备、配件需求申请,编制采购计划。

3.25.5.2　采购实施

结合上级部门已批复的经费和经费使用情况及各级单位气象观测设备、配件需求,形成采购申请,报本级主管领导或上级主管部门审批。

由采购部门明确采购组织形式和采购方式，并按照政府和部门的集中采购目录，政府、地方、部门的相关政府采购规定要求执行。

3.25.5.3 调拨出入库

采购部门负责与合格供方签订供货合同，完成气象观测设备、配件的验收和出入库。

3.25.5.4 库存盘点与对账

按要求编制盘库复核方案，进行盘点复核工作。转入执行《仓储物资管理作业指导书》规定。

3.25.6 过程绩效的监视和考核

目标名称	计算公式或方法	目标值	考核频次	监视部门
采购计划实施完成率	实际采购项/计划采购项×100%	≥90%	每年	各级采购部门主管单位
库存盘点差错率	差错数/盘点总数×100%	≤5%	每年	各级采购部门主管单位

3.26 气象观测设备维护控制程序

3.26.1 目的

本程序规定了内蒙古自治区气象局对气象观测设备进行常规维护的管理要求，确保气象观测设备维护活动及时、规范。

3.26.2 范围

本程序适用于内蒙古自治区气象局纳入业务考核的国家自动气象观测站、自治区级自动气象观测站、新一代天气雷达、L 波段探空雷达、自动土壤水分观测设备、闪电定位仪、大气成分观测设备、水电解制氢设备等气象观测设备的常规维护活动。

3.26.3 术语

(1)维护

为防止气象观测设备性能下降，降低气象观测设备失效概率，按事先规定的计划或相应技术要求，对气象观测设备开展的相应技术管理措施。

(2)高空层气象观测设备

指内蒙古自治区气象局纳入业务考核的新一代天气雷达、L 波段探空雷达和水电解制氢设备等。

(3)地面层气象观测设备

指内蒙古自治区气象局纳入业务考核的国家自动气象观测站、自治区级自动气象观测站、自动土壤水分观测设备、闪电定位仪、大气成分观测设备等。

3.26.4 职责

观测与网络处负责全区气象观测设备维护规范性文件的审定、印发；负责全区气象观测设备维护业务的监督检查、管理、考核。

大气探测技术保障中心负责全区气象观测设备维护业务的技术指导；承担全区高空层气象观测设备维护内容的审核工作；承担全区高空层气象观测设备的汛前巡检、年度维护任务；

盟(市)气象局负责本辖区内气象观测设备维护业务的职责划分；负责本辖区内气象观测设备维护业务的监督检查、管理、考核；负责本辖区内气象观测设备常规维护工作；

旗(县、市、区)气象局/台站负责本辖区内气象观测设备常规维护工作;配合大气探测技术保障中心完成本辖区内气象观测设备检定/校准、核查、更换、年维护;负责在相关业务系统内填报本辖区内各类气象观测设备维护信息。

3.26.5 工作程序

3.26.5.1 高空层气象观测设备维护

(1)高空层气象观测设备实行自治区级、台站级两级维护保障制度。

(2)台站按照《新一代天气雷达系统巡检规定(试行)》《常规高空气象观测业务规范》《高空气象观测站制氢用氢管理办法》和《内蒙古气象技术装备保障手册》等要求对本辖区内高空层气象观测设备开展日、周、月维护工作,并按照《气象观测设备运行监控控制程序》在运行监控业务系统内填报相应维护信息。维护过程中,如发现气象观测设备性能下降时,按照相关技术规范进行性能恢复;如发现气象观测设备存在故障,按照《气象观测设备维修控制程序》执行。

(3)大气探测技术保障中心按照《新一代天气雷达系统巡检规定(试行)》《常规高空气象观测业务规范》《高空气象观测站制氢用氢管理办法》《内蒙古气象技术装备保障手册》对全区新一代天气雷达开展汛前巡检、年维护工作,台站协助新一代天气雷达汛前巡检、年维护工作,按照《气象观测设备运行监控控制程序》在运行监控业务系统内填报相应信息;按照《内蒙古自治区气象局观测与网络处关于调整高空气象观测系统汛前巡检有关工作的通知》对提出需求的台站进行现场技术支持工作。维护过程中,如气象观测设备需要重新标定或定标,按照《气象观测设备标定与定标控制程序》执行;如发现气象观测设备存在故障,按照《气象观测设备维修控制程序》执行。高空层气象观测设备汛前巡检、年维护工作结束后,大气探测技术保障中心编制高空层气象观测设备维护报告,并报送中国气象局气象探测中心和区局观测与网络处。

3.26.5.2 地面层气象观测设备维护

(1)地面层气象观测设备实行自治区、盟(市)、旗(县、市、区)气象局/台站三级维护保障制度。

(2)盟(市)气象局、旗(县、市、区)气象局/台站依据《区域自动气象站现场核查方法(试行)》对本辖区内自动气象观测站开展周期性现场核查,记录并归档核查记录。

(3)旗(县、市、区)气象局/台站依据《地面气象自动观测规范(第一版)》《新型自动气象站维护规范(试行)》《区域自动气象站维护规范(试行)》《自动土壤水分观测规范》和《内蒙古气象技术装备保障手册》等要求对本辖区内地面层气象观测设备开展常规维护,并按照相关规范填写维护信息表后存档,按照《气象观测设备运行监控控制程序》在运行监控业务系统内填报相应维护信息。

维护过程中,如发现气象观测设备性能下降时,按照相关技术规范进行性能恢复;如发现气象观测设备存在故障,按照《气象观测设备维修控制程序》执行。

(4)旗(县、市、区)气象局/台站按照有关要求,按时更换、检定/校准、核查有效期内的传感器,对换下的受控传感器进行清查并填写《传感器更换确认表》后邮寄至大气探测技术保障中心,大气探测技术保障中心依据各类传感器检定规程进行检定/校准、核查。

(5)大气探测技术保障中心对国家自动气象观测站大型蒸发传感器进行现场核查,并填写《大型蒸发传感器现场核查数据记录表》。

3.26.5.3 维护业务监督检查

(1)观测与网络处每年组织一次全区气象观测设备维护业务抽查,高空层气象观测设备抽查覆盖率为 100％，地面层气象观测设备抽查数量不低于同类设备全区总数的 30％。

(2)盟(市)气象局每季度抽查一次本辖区内各类气象观测设备的维护记录，每半年赴台站实地检查一次。

(3)维护业务监督检查可与其他业务检查合并进行。

3.26.6　过程绩效的监视和考核

目标名称	计算公式或方法	目标值	考核频次	监视部门
高空层气象观测设备维护完成率	实际完成维护次数/应完成维护次数×100％	100％	每年	观测与网络处
地面层气象观测设备维护完成率	实际完成维护次数/应完成维护次数×100％	100％	每半年	观测与网络处、盟(市)气象局
业务检查覆盖率	抽查(实地检查)站数/总站数×100％	高空层气象观测设备：100％ 地面层气象观测设备：30％	每半年	观测与网络处、盟(市)气象局

3.27　气象观测设备维修控制程序

3.27.1　目的

本程序规定了内蒙古自治区气象局对气象观测设备进行故障维修的管理要求，确保气象观测设备维修活动及时、规范。

3.27.2　范围

本程序适用于内蒙古自治区气象局纳入业务考核的国家自动气象观测站、自治区级自动气象观测站、新一代天气雷达、L 波段探空雷达、自动土壤水分观测设备、闪电定位仪、大气成分观测设备、水电解制氢设备等气象观测设备的故障维修活动。

3.27.3　术语

(1)故障单

气象观测设备发生故障后，旗(县、市、区)气象局/台站人员在运行监控业务系统填报的信息。该信息包括故障开始时间、故障结束时间、维修活动等信息。

(2)现场维修

气象观测设备发生故障后，保障人员到达现场开展的维修活动。

(3)实验室维修/厂家维修

在实验室(或邮寄厂家)对已更换下的气象观测设备进行检测、维修。

(4)高空层气象观测设备

内蒙古自治区气象局纳入业务考核的新一代天气雷达、L 波段探空雷达和水电解制氢设备等。

(5)地面层气象观测设备

内蒙古自治区气象局纳入业务考核的国家自动气象观测站、自治区级自动气象观测站、自动土壤水分观测设备、闪电定位仪、大气成分观测设备等。

3.27.4 职责

观测与网络处贯彻落实上级部门下发的气象观测设备维修业务规范及规章制度，制定完善全区气象观测设备维修业务相关制度，并组织实施；负责全区气象观测设备维修业务的监督检查、管理、考核。

大气探测技术保障中心承担或组织开展气象观测设备维修业务；负责全区气象观测设备维修业务的指导和技术支持，负责新技术推广、培训；负责气象观测设备维修业务的质量统计和分析评估；承担重大故障应急处置职责。

盟(市)气象局负责本辖区内气象观测设备维修业务的监督检查、管理、考核；响应旗(县、市、区)气象局/台站提出的气象观测设备故障维修申请；负责本辖区内气象观测设备故障维修指导与现场维修；根据业务需要，向大气探测技术保障中心和厂家提出故障维修技术支持申请，并配合大气探测技术保障中心和厂家做好本辖区内气象观测设备现场维修工作；负责本辖区内气象观测设备维修技术指导和培训。

旗(县、市、区)气象局/台站负责本辖区内气象观测设备故障诊断和维修工作；负责在运行监控业务系统内填报故障单和维修活动单据，故障排除后及时关闭相关单据；根据业务需要，向盟(市)气象局、大气探测技术保障中心或厂家提出故障维修技术支持申请；配合相关部门开展本辖区内气象观测设备现场维修工作。

3.27.5 工作程序

3.27.5.1 高空层气象观测设备维修

(1)高空层气象观测设备实行自治区级、台站级两级维修保障制度。

(2)高空层气象观测设备发生故障时，台站保障人员对故障进行初步诊断，在运行监控业务系统内填报故障单，开展故障维修工作。规定时间内，台站排除了设备故障，在运行监控业务系统内更新维修活动并关闭故障单；规定时间内，台站未能排除故障，向大气探测技术保障中心提出技术支持申请。

(3)大气探测技术保障中心收到台站技术支持申请时，及时为台站提供远程技术指导。远程技术指导无法排除故障时，安排技术人员携带专业维修工具赶赴现场进行故障诊断、维修。维修过程中如需申请国家级备件，由台站填报国家级备件更换申请表，大气探测技术保障中心审核通过后向中国气象局气象探测中心提出申请；如需省级备件，由台站填报省级备件更换申请表并向大气探测技术保障中心提出申请；如需国家级或厂家技术支持，大气探测技术保障中心向中国气象局气象探测中心/厂家提出技术支持申请，直至故障排除。

(4)故障排除过程中，台站在运行监控业务系统内及时更新维修单据。故障排除后，台站及时在运行监控业务系统内关闭故障单。

(5)故障在规定时间内无法排除，且属于特殊情况的应按照《内蒙古自治区气象观测业务质量综合考核特殊情况处置办法实施细则》等有关文件上报业务主管单位。

(6)故障维修过程中替换下来的故障件，台站寄送至大气探测技术保障中心。大气探测技术保障中心对故障件进行维修，并根据维修检测情况确定是否返厂维修。

3.27.5.2 地面层气象观测设备维修

(1)国家自动气象观测站、土壤水分观测设备、闪电定位仪、大气成分观测设备实行自治区、盟(市)、旗(县、市、区)气象局/台站三级维修保障制度。自治区级自动气象观测站实行盟

(市)、旗(县、市、区)气象局/台站两级维修保障制度。

(2)国家自动气象观测站、自治区级自动气象观测站、土壤水分观测设备、闪电定位仪、大气成分观测设备发生故障时,旗(县、市、区)气象局/台站保障人员在运行监控业务系统内填报故障单,开展故障维修工作。规定时间内,如旗(县、市、区)气象局/台站排除了故障,在运行监控业务系统内更新维修活动并关闭故障单;规定时间内,旗(县、市、区)气象局/台站未能排除故障,向盟(市)气象局提出技术支持申请。

(3)盟(市)气象局收到台站技术支持申请时,及时为旗(县、市、区)气象局/台站提供远程技术指导。远程技术指导无法排除故障时,安排技术人员携带专业维修工具赶赴现场进行故障诊断、维修。规定时间内,盟(市)气象局排除了故障,旗(县、市、区)气象局/台站在运行监控业务系统内更新维修活动并关闭故障单;规定时间内,盟(市)气象局未能排除故障,盟(市)气象局向大气探测技术保障中心或厂家提出技术支持申请。

(4)大气探测技术保障中心收到盟(市)气象局技术支持申请后,及时为旗(县、市、区)气象局/台站提供远程技术指导。远程技术指导无法排除故障时,大气探测技术保障中心技术人员在规定时间内,依据故障现场距离、路程时间、备件储备情况、技术保障方式以及现场可维修情况等,决定是否赶赴现场进行故障维修。大气探测技术保障中心技术人员无法排除故障,根据需要向厂家申请远程技术指导或请求厂家进行现场维修,直至故障排除。

(5)故障排除过程中,旗(县、市、区)气象局/台站在运行监控业务系统内及时更新维修单。故障排除后,旗(县、市、区)气象局/台站及时在运行监控业务系统内关闭故障单。

(6)故障在规定时间内无法排除,且属于特殊情况的应按照《内蒙古自治区气象观测业务质量综合考核特殊情况处置办法实施细则》等有关文件上报业务主管单位。

(7)故障维修过程中替换下的故障件,旗(县、市、区)气象局/台站根据维修检测情况确定是否返厂维修。

3.27.6　过程绩效的监视和考核

目标名称	计算公式或方法	目标值	考核频次	监视部门
气象设备维修响应及时率	及时响应的故障次数/故障总次数×100%	100%	每半年	观测与网络处、盟(市)气象局

3.28　气象观测设备运行质量评估及通报控制程序

3.28.1　目的

为进一步提高全区气象观测设备业务运行质量,以气象观测设备类型、设备所属地区、设备故障等为主线,对气象观测设备进行定期或随机、定量或定性的运行状态评估,为全区各级技术保障部门和管理部门提供设备运行质量参考依据。

3.28.2　范围

参与运行质量评估通报的气象观测设备包括新一代天气雷达、国家级自动气象站、L 波段探空雷达、自动土壤水分观测设备、闪电定位仪。将根据业务发展需求,适时调整参与运行质量评估通报的气象观测设备类型。

3.28.3 术语

(1)新一代天气雷达业务可用性

新一代天气雷达业务可用性(A0)是指在选取的评估时段内,新一代天气雷达无故障工作时间与规定应工作时间的百分比。

(2)新一代天气雷达平均无故障工作时间

新一代天气雷达平均无故障时间(MTBF)是指在选取的评估时段内,新一代天气雷达相邻两次故障之间,设备平均正常工作的时间(单位为小时)。

(3)L 波段探空雷达探测高度业务考核标准

本评估指标是指 L 波段探空雷达探测终止高度应达到业务考核标准高度。

(4)其他气象观测设备业务可用性

国家级自动气象站、自动土壤水分观测设备、闪电定位仪业务可用性是指在选取的评估时段内,观测数据正常时次与应工作时次的百分比。

3.28.4 职责

观测与网络处负责组织气象观测设备运行质量评估工作;负责审核、上报气象观测设备特殊情况暂停(停止)考核申请,审核、下发通知。

大气探测技术保障中心根据要求和评估指标,制作全区气象观测设备运行质量评估报告;根据要求,按时向相关部门发布气象观测设备运行质量评估报告。

盟(市)气象局根据气象观测设备运行质量评估报告,组织查找问题、分析原因,制定改进措施,并组织实施。

旗(县、市、区)气象局/台站根据气象观测设备运行质量评估报告,如有评估结果与实际不一致情况,及时向大气探测技术保障中心监控值班人员反馈;根据气象观测设备运行质量评估报告,及时查找、分析所辖气象观测设备业务运行中存在的问题并加以改进。

3.28.5 工作程序

3.28.5.1 气象观测设备运行质量评估报告制作

依据《综合气象观测系统仪器装备运行状况通报办法》和《气象观测设备运行质量评估及通报作业指导书》,由大气探测技术保障中心监控值班人员应用气象观测设备监控数据和其他业务技术手段,定期对全区(或指定区域)气象观测设备运行状态进行分析评估,并制作形成气象观测设备运行质量评估报告。评估时段内,按照观测与网络处下发的《气象观测设备特殊情况时暂停(停止)评估考核通知》,制作评估报告时应予以核实、修正通报结果。

3.28.5.2 气象观测设备运行质量评估报告审核

大气探测技术保障中心报告制作人员完成气象观测设备运行质量评估报告后,提交保障人员审核;保障人员结合评估时段内各类气象观测设备保障工作实际,认真审核评估报告,并向报告制作人员反馈评估意见;报告制作人员根据地面保障科和高空保障科反馈意见,修改完善评估报告后报大气探测技术保障中心领导审阅;报告制作人员根据大气探测技术保障中心领导审阅意见,形成气象观测设备运行质量评估报告最终版。

3.28.5.3 气象观测设备运行质量评估报告发布

气象观测设备运行质量评估报告最终版形成后,由大气探测技术保障中心通知制作人员向相关部门(人员)适时发布。

3.28.6　过程绩效的监视和考核

目标名称	计算公式或方法	目标值	考核频次	监视部门	备注
评估内容准确率	正确发布次数/总发布次数×100%	>90%	每年	大气探测技术保障中心	
发布及时率	及时发布次数/总发布次数×100%	>90%	每年	大气探测技术保障中心	超过规定发布日期 5 个工作日为发布延时

3.29　气象观测设备标定与定标控制程序

3.29.1　目的

本程序规定了内蒙古自治区气象局对新一代天气雷达进行定标，对 L 波段探空雷达和自动土壤水分观测设备进行标定的管理要求，确保上述气象观测设备定标与标定工作规范。

3.29.2　范围

本程序适用于内蒙古自治区气象局所辖新一代天气雷达定标，L 波段探空雷达和自动土壤水分观测设备标定工作。

3.29.3　术语

(1)定标

使用机内和机外仪表，采用统一的方法和流程，对新一代天气雷达进行检测和标校，使之达到技术指标要求。

(2)标定

依据气象观测设备相应技术规范，对 L 波段探空雷达和自动土壤水分观测设备相关技术参数进行检测和调整，使其满足技术指标要求。

3.29.4　职责

观测与网络处负责全区气象观测设备定标/标定业务规范性文件的审定、印发；负责全区气象观测设备定标/标定业务的监督检查、管理、考核。

大气探测技术保障中心负责全区新一代天气雷达定标的技术指导；负责巡检、年维护和专项定标工作；承担 L 波段探空雷达技术支持、定标报表编制和专项定标报告编写，以及报表、报告的保存和报送工作；负责全区新一代天气雷达定标报表收集，省级定标月报表编制、保存和报送；负责全区新一代天气雷达定标数据的技术审查；承担全区新一代天气雷达定标业务的评估；负责全区 L 波段探空雷达标定业务技术指导；汛前巡检或现场维修后，对 L 波段探空雷达进行标定，编制标定报告并报送观测与网络处；收集、审核盟(市)气象局汇总的自动土壤水分观测设备田间标定人工取土数据，转发至生产厂家完成自动土壤水分观测设备标定工作，将厂家反馈的标定参数报告及时报送观测与网络处、转发气象信息中心及相关盟(市)气象局；对自动土壤水分观测设备生产厂家反馈的标定参数进行业务化检验；编制全区自动土壤水分观测设备运行评估报告，报送观测与网络处。

盟(市)气象局负责本辖区内气象观测设备定标/标定业务的监督检查、管理、考核；负责本辖区内新建(迁建)自动土壤水分观测设备田间标定、业务化检验人工对比观测数据的收集、审核；按照要求向观测与网络处、大气探测技术保障中心报送气象观测设备定标/标定报告(表)。

旗(县、市、区)气象局/台站负责本辖区内新一代天气雷达周和月维护、维修、调整定标工作,参与巡检、年维护和专项定标工作;负责本辖区内L波段探空雷达标定工作;负责本辖区内自动土壤水分观测设备田间标定、业务化检验人工对比观测数据;负责收集、整理本辖区内气象观测设备定标/标定数据,按照报告(表)要求上报盟(市)气象局和大气探测技术保障中心。

3.29.5 工作程序

3.29.5.1 新一代天气雷达定标

(1)国家天气雷达站技术人员依据《新一代天气雷达定标业务规范(试行)》要求,采用机内定标与机外定标相结合方法,对本辖区国家天气雷达站进行常规维护定标、故障维修后定标、技术参数调整后定标,详细记录定标数据并归档。每月10日前,国家天气雷达站技术人员将本辖区内新一代天气雷达定标报表上报大气探测技术保障中心。

(2)每月20日前,大气探测技术保障中心收集上月全区国家天气雷达站的定标月报表,完成技术审查,报表编制和保存工作。每年3月、6月、9月和12月的20日前,大气探测技术保障中心将相关省级定标月报表报中国气象局气象探测中心。

(3)每年3月底前,大气探测技术保障中心完成上一年度全区新一代天气雷达定标业务评估工作,并将评估报告报观测与网络处和中国气象局气象探测中心。

(4) 大气探测技术保障中心技术人员在汛前巡检、年维护、现场维修、专项维护活动中,依据《新一代天气雷达定标业务规范(试行)》和《新一代天气雷达系统现场验收测试大纲》要求,利用专业测试仪器(仪表)对新一代天气雷达进行定标,定标工作完成后撰写新一代天气雷达定标报告并报送观测与网络处。定期将定标所用专用测试仪器(仪表)送专业检测机构进行周期检定。

3.29.5.2 L波段探空雷达标定

(1) 国家高空气象观测站技术人员依据《GFE(L)Ⅰ型二次测风雷达》,定期或设备技术参数出现偏离后,对本辖区内L波段探空雷达进行标定,标定内容主要包括机器水平度、仰角0°、三轴一致性等,详细记录标定数据并归档。

(2) 大气探测技术保障中心技术人员依据《GFE(L)Ⅰ型二次测风雷达》和《内蒙古气象技术装备保障手册》,在汛前巡检或现场维修后,对L波段探空雷达进行标定,标定工作完成后撰写L波段探空雷达标定报告并报送观测与网络处。

3.29.5.3 自动土壤水分观测设备田间标定

(1)根据工作需要,台站依据《关于印发自动土壤水分观测规范(试行)的通知》《内蒙古气象局观测与网络处关于调整自动土壤水分观测站田间标定与业务化检验工作的通知》文件开展自动土壤水分观测设备田间标定工作。

(2)台站依据相关规定开展本辖区内土壤水分人工观测,对比分析自动土壤水分观测设备器测数据和人工观测数据,详细记录田间标定相关数据并汇总上报盟(市)气象局。

(3)盟(市)气象局收集、审查、汇总本辖区内自动土壤水分观测设备田间标定数据,上报大气探测技术保障中心。

(4)大气探测技术保障中心审核盟(市)气象局上报的自动土壤水分观测设备田间标定数据,汇总后提交设备生产厂家。厂家反馈标定参数报告后,及时转发气象信息中心、盟(市)气象局及观测与网络处。

(5)气象信息中心修改标定参数后,通知盟(市)气象局、大气探测技术保障中心和观测与网络处。旗(县、市、区)气象局/台站收集人工对比观测数据经盟(市)气象局审核后上报大气探测技术保障中心，大气探测技术保障中心对人工观测和器测数据进行对比，完成业务化检验，业务化检验合格则结束田间标定工作，业务化检验不合格则分析查找原因，排除设备故障原因后，再次进行业务化检验；若仍达不到检验标准，必须对设备进行更换，然后重新进行田间标定工作。

(6)观测与网络处将通过业务运行批复下发有关单位。

3.29.6　过程绩效监视与考核

目标名称	计算公式或方法	目标值	考核频次	监视部门
定标报表上报及时率	实际及时上报定标报告数/在考核期内应及时上报定标报告数×100%	100%	每年	大气探测技术保障中心
标定报告上报及时率	实际及时上报标定报告数/在考核期内应及时上报标定报告数×100%	100%	每年	大气探测技术保障中心

3.30　气象观测设备计量检定控制程序

3.30.1　目的

为规范内蒙古自治区气象局对全区国家级自动气象站在用气温、湿度、气压、风速传感器的计量检定/校准和风向传感器的核查管理工作，确保上述传感器符合相关技术指标要求，特制定本程序。

3.30.2　范围

本程序适用于全区国家级自动气象站在用气温、湿度、气压、风速传感器的计量检定/校准和风向传感器的核查管理工作。

3.30.3　术语

(1)计量数据

国家级自动气象站在用气温、湿度、气压、风速传感器的计量检定/校准和风向传感器的核查记录的数据。

(2)证书

国家级自动气象站在用气温、湿度、气压、风速传感器的计量检定/校准完成后，出具的计量检定/校准证书；风向传感器核查后出具的核查报告。

3.30.4　职责

观测与网络处负责制定全区气象计量业务规划并组织实施；负责制定全区气象计量业务规章制度；负责组织实施全区气象计量系统建设及业务运行；负责组织开展全区气象计量业务监督检查和质量考核。

大气探测技术保障中心负责全区气象计量业务以及根据授权或委托承担国家级气象计量业务；负责建立、保持全区气象计量标准并开展量值传递；负责全区气象计量业务技术指导和相关培训；负责全区气象计量业务监督检查和质量考核工作。

盟(市)气象局负责本辖区气象计量业务的归口管理和监督检查；配合上级完成相关气象计量工作。

旗(县、市、区)气象局/台站配合上级完成相关气象计量工作。

3.30.5 工作程序

3.30.5.1 传感器计量检定/校准业务

(1)大气探测技术保障中心根据国家级自动气象站在用气温、湿度、气压、风速传感器的有效期,制定年度周期检定计划;根据《自动气象站风向风速传感器检定规程》制定风向传感器的周期核查计划。

(2)大气探测技术保障中心根据要求依据相应的现行有效的计量检定规程或计量校准规范对国家级自动气象站在用气温、湿度、气压、风速传感器实施实验室计量检定/校准,对风向传感器实施核查,并追踪仪器受控状态。

3.30.5.2 传感器计量检定/校准管理

(1)计量标准管理

大气探测技术保障中心依据《计量标准考核规范》要求建立计量标准,并保持其适用性和有效性。每年年初组织进行计量标准的适用性和有效性评审,并根据评审结果实施新计量标准的建立和已有计量标准的到期复查考核工作,确保计量标准的正常运行。

(2)计量标准器管理

大气探测技术保障中心依据内蒙古自治区气象计量站质量管理体系和《计量标准考核规范》的要求,制定《实验室测量设备周期检定/校准计划》,按计划将实验室测量设备送具有相应资质的法定计量检定机构进行计量检定/校准,确保量值传递准确可靠。

(3)传感器计量检定/校准工作控制

1)传感器中对照能溯源到国际或国家标准的测量标准,按照规定的时间间隔在使用前由大气探测技术保障中心依据相关的计量检定规程或计量技术规范进行计量检定/校准,并填写《实验室测量设备使用及环境温湿度记录》。当不存在上述标准时,应保留作为计量检定或校准依据的形成文件信息。

2)大气探测技术保障中心应保留气温、湿度、气压、风速传感器的计量检定/校准证书和风向传感器核查报告副本,并将正本发放到送检单位,以识别和确定传感器的受控状态。

3)大气探测技术保障中心和旗(县、市、区)气象局/台站在传感器运行中予以维护和保护,防止可能使其受控状态和随后的测量结果失效的调整、损坏或衰减。

4)当发现传感器不符合预期用途时,应确定以往测量结果的有效性是否受到不利影响。必要时应采取适当的措施,如停用/更换该传感器等。

5)观测与网络处对计量业务工作实施监督和质量考核。

3.30.6 过程绩效的监视和考核

目标名称	计算公式或方法	目标值	考核频次	监视部门
传感器受检率	$\frac{\text{实际检定(和/或校准、核查)数}}{\text{应受控数}}\times 100\%$	100%	每年	观测与网络处

3.31 数据采集控制程序

3.31.1 目的

规范气象观测数据采集过程,确保气象观测数据采集符合中国气象局相关技术规范,符合内蒙古自治区气象局对气象观测数据采集的业务要求。

3.31.2 范围

适用于全区各类气象观测系统对气象观测数据的采集活动。

3.31.3 职责

观测与网络处根据《站网规划控制程序》和工作需求，对全区所有旗(县、市、区)气象局/台站气象观测数据类型、采集方式、采集频率等统一部署，制定相应的规章制度和考核指标并监督执行。

区局气象信息中心负责中心站软件的运行维护、站网信息管理、数据采集，对全区所有旗(县、市、区)气象局/台站采集后上传的观测数据进行收发、质量控制、存储，定期对旗(县、市、区)气象局/台站上传的观测数据的及时率、完整率、可用率等指标进行通报。

盟(市)气象局对辖区所有旗(县、市、区)气象局/台站观测数据采集的完整率、准确率和可用率等指标进行考核，对制度执行情况进行考核。

旗(县、市、区)气象局/台站负责本站各相应气象要素的观测数据采集和数据订正。

3.31.4 工作程序

3.31.4.1 数据采集前期准备

(1)根据上级部门制定的观测数据类型、采集方式、采集频率等规范性文件，完成数据采集前相应的设备安装调试。

(2)业务人员按《气象观测装备维护控制程序》保障相应观测设备的传感器(或发射器或发射系统)、采集器(或采集子系统)、通信接口(或通信线路)、系统电源、计算机、相应软件等正常工作，各类业务软件参数设置正确。对于中心站统一管理的站类按照《中心站作业指导书》进行相关参数配置。

3.31.4.2 数据采集方式

根据站点类型的不同(自动运行气象旗(县、市、区)气象局/台站、有人干预的旗(县、市、区)气象局/台站)，气象观测数据的采集方式可分为"自动采集""自动采集＋人工观测""人工观测"三种，具体分类及与数据来源的对应关系详见表3.1。

表3.1 数据采集方式对照表

站点类型	数据来源	采集方式
自动运行旗(县、市、区)气象局/台站	新一代天气雷达	自动采集
	国家气象观测站气象观测系统、自治区级气象观测站气象观测系统	自动采集
	闪电定位仪	自动采集
	GNSS/MET观测业务系统	自动采集
	自动土壤水分观测系统	自动采集
	大气成分观测业务系统	自动采集
国家气象观测站、旗(县、市、区)气象局/台站	国家气象观测站气象观测系统	自动＋人工，自动
	高空气象观测系统	自动＋人工
	酸雨观测业务系统	自动＋人工
	国家级农业气象观测系统	人工

(1)自动采集

自动气象观测数据的采集按照《地面自动气象观测规范》《地面气象观测业务技术规定(2016版)》《国家级地面气象应急观测实施细则》《国家地面气象观测站无人值守工作管理暂行规定》《内蒙古自治区级自动气象观测站运行保障管理办法(试行)》《自动土壤水分观测规范(试行)》《新一代天气雷达观测规定(第二版)》《雷电观测业务规范(试行稿)》《全球定位系统气象观测(GPS/MET)站观测规范(试行)》《大气成分观测业务规范(试行)》《大气成分观测业务规章制度(试行)》《大气成分观测业务运行管理暂行规定》《大气成分观测业务技术手册》执行。

(2)自动采集+人工观测

自动采集+人工观测的气象观测数据采集,按照《地面自动气象观测规范》《地面气象观测业务技术规定(2016版)》《内蒙古气象局关于全区地面气象观测自动化正式业务运行的通知》《国家级地面气象应急观测实施细则》《地面自动化观测业务运行暂行规定》《全区加密高空气象探测管理办法》《常规高空气象观测业务规范》《高空气象探测业务规章制度》《酸雨观测业务规范》执行。

(3)人工观测

农业气象观测采用人工观测,人工观测数据采集时段、时效、方法按照《农业气象观测规范》《农业气象观测补充业务规定》《内蒙古自治区气象局观测与网络处关于开展农业气象人工观测标准格式数据业务化工作的通知》执行。

3.31.4.3 数据采集

旗(县、市、区)气象局/台站做好采集前的准备工作,在规定的观测时间,按照《数据质量控制程序》开展数据采集检查,发送数据。若采集数据不正常,按照《气象观测装备维修控制程序》开展气象观测装备维护、维修,并在规定时间内进行数据补调、补传、保存。

3.31.4.4 数据考核改进

根据区局观测与网络处观测业务质量考核办法,区局气象信息中心、大气探测技术保障中心、盟市气象局定期对本辖区气象观测业务质量进行分析、评估、通报。旗(县、市、区)气象局/台站按照《质量改进控制程序》执行。

3.31.5 过程绩效的监视和考核

目标名称	计算公式或方法	目标值	考核频次	监视部门
传输及时率	及时发送数/应发数×100%	中国气象局、内蒙古自治区气象局考核指标	每月	区局气象信息中心

3.32 数据传输及监控控制程序

3.32.1 目的

保证全区各类气象观测数据传输的完整性、及时性,有效提升各类气象观测数据传输质量。

3.32.2 范围

适用于纳入国家级和自治区级考核的气象观测数据的传输及监控管理,包括气象观测数据的收集、处理、分发、监控、故障处理、日常运行维护、传输质量统计及发布。

3.32.3 术语

(1)传输时效

各类气象观测数据上传到中国气象局的时间要求。

(2)气象通信系统

用来收集、处理、分发各类气象及相关数据的系统。

3.32.4 职责

区局观测与网络处负责全区气象观测数据传输及监控业务的管理工作。

区局气象信息中心负责完成气象观测数据收集、处理、分发、监控、故障处理、日常运行维护、传输质量统计及发布。

盟(市)气象局负责本辖区数据传输及监控业务的管理工作,并对本辖区业务提供技术支持。

旗(县、市、区)气象局/台站负责本级气象观测数据采集、传输、监控、故障处理等工作,传输故障时,上报故障信息和处理情况。

内蒙古自治区气象台负责雷达数据采集、传输、监控、故障处理等工作,传输故障时,上报故障信息和处理情况。

3.32.5 工作程序

3.32.5.1 气象观测数据的收集、处理、分发

区局气象信息中心按照气象观测数据考核要求,通过气象通信系统及时收集台站采集上传的各类气象观测数据,对收集的气象观测数据根据要求进行相关的业务处理,及时传输到国家气象信息中心和其他业务系统,并记录相关日志信息。

3.32.5.2 运行监控

区局气象信息中心运行监控值班人员依托监控系统对数据传输、系统运行、网络运行等情况进行实时监控,并按《数据传输及监控作业指导书》工作流程记录《运行监控值班记录表》《运行监控巡视记录表》。

3.32.5.3 故障处理

区局气象信息中心运行监控值班人员分析、处理系统自动或人工判别的故障。判断为盟(市)、台站故障,及时告知各级业务管理人员或业务人员,并指导、督促台站上报故障原因;判断为自治区级故障,按照《数据传输及监控作业指导书》进行故障处理,故障结束后形成《运行监控故障分析报告》,遇到重大系统故障时,如果在规定时效内无法排除故障或故障级别超出本级职责时,及时上报主管领导,启动相应应急响应;判断为国家级故障,及时与国家气象信息中心值班人员联系,明确故障原因,待国家级业务恢复正常后做好数据补传的工作。

3.32.5.4 日常运行维护

区局气象信息中心运行维护人员定期对气象通信系统进行巡检,如发现异常及时进行维修、维护,确保气象通信系统运行正常;业务变更时,区局气象信息中心运行维护人员按照《数据传输及监控作业指导书》完成变更任务。

3.32.5.5 传输质量统计

区局气象信息中心业务管理人员按照气象观测数据考核要求,通过"业务内网"实时滚动发布全区数据传输及时率,每年年底发布《全区实时资料年传输质量报告》。

3.32.6 过程绩效的监视和考核

目标名称	计算公式或方法	目标值	考核频次	监视部门
传输及时率	及时发送数/应发数×100%	区局考核指标	每月	区局气象信息中心

3.33 数据质量控制程序

3.33.1 目的

规范内蒙古自治区气象观测数据质量控制的业务流程，符合中国气象局相关规范和技术标准，确保观测数据的准确性，提高观测数据的质量。

3.33.2 范围

适用于气象观测数据质量控制过程。

3.33.3 术语

(1)疑误数据

指气象观测资料中的各类错误、疑似错误和缺测等存在疑问的非正确气象数据。

(2)质量控制码

用于标识气象观测资料中气象数据质量状态的标识码，如表 3.2 所示。

表 3.2 质量控制码

质量控制码	描述	含义
0	数据正确	通过质量控制，确认数据正确
1	数据可疑	通过质量控制，发现数据异常，且未明确数据正确还是错误
2	数据错误	通过质量控制，确认数据错误
3	数据为订正值	原数据明显偏离真值，但在一定范围内可参照使用。在原数据基础上通过偏差订正等方式重新获取的更正数据
4	数据为修改值	原数据因错误或缺测而完全不可用，通过内插等方式重新获取的更正数据
5	预留	
6	预留	
7	无观测任务	按规定，台站无相应要素数据观测任务
8	数据缺测	该项数据应观测，但因各种原因数据缺测
9	数据未做质量控制	该数据未进行质量控制

(3)质量控制

指通过自动及人工等方式，对气象观测数据质量控制中发现的各类疑误数据进行判别、修改、确认等操作，使用质量控制码对质量控制后的数据进行标识，以保证气象数据质量达到气象业务使用标准的过程。

(4)元数据

用描述数据属性的信息，如台站的基本信息、站网信息、观测信息、要素信息、仪器设备发生变动，或需登记备注、纪要信息。

3.33.4　职责

区局观测与网络处负责全区气象观测数据质量管理。

区局气象信息中心负责气象观测数据质量控制、分析评估、结果发布。

盟(市)气象局负责本辖区的观测数据质量监管。

旗(县、市、区)气象局/台站负责处理设备端数据质量控制以及协助上级部门进行相关数据质量控制。

3.33.5　工作程序

3.33.5.1　设备端数据质量控制

旗(县、市、区)气象局/台站利用综合观测业务软件,实现设备端实时自动质量控制。

3.33.5.2　快速质量控制

区局气象信息中心依托气象通信系统的快速质量控制程序对接收的地面、酸雨、土壤水分、辐射、高空等观测数据进行初步质量控制。

3.33.5.3　MDOS 质量控制

气象资料业务系统(MDOS)对观测数据进行实时滚动质量控制,自治区级数据处理人员依据《气象资料业务系统(MDOS)省级地面气象资料质量控制技术规程》《内蒙古自治区气象信息中心 MDOS 业务管理规定》对 MDOS 质量控制系统产生的疑误数据、错误数据和缺测数据进行修正、补入处理与质控码标识,对元数据进行审核。

3.33.5.4　人工审核

区局气象信息中心数据处理人员依据《地面气象观测规范》《地面气象观测业务技术规定(2016 版)》《常规高空气象观测业务规范》《高空全月观测数据 G 文件归档格(2013 版)》《农业气象观测规范》《酸雨观测业务规范》,对地面、高空、酸雨、辐射、农气的月、年文件进行人工审核。

以上详见《报表审核作业指导书》。

3.33.5.5　数据可用率评估

区局气象信息中心通过“业务内网”实时滚动发布全区数据可用率。

3.33.6　过程绩效的监视和考核

目标名称	计算公式或方法	目标值	考核频次	监视部门
数据可用率	可用数据/总数据×100%	98%(国家级自动站、国家地面天气站)、96%(区域自动站)	每月	区局信息中心

3.34　数据存储及数据服务控制程序

3.34.1　目的

实现观测数据的存储,充分发挥气象观测数据的有效价值,提供气象观测数据服务。

3.34.2　范围

适用于气象观测数据存储以及服务过程。

3.34.3 术语

(1)简约流程

指将数据加工处理系统(以下简称 DPC)接收到的结构化资料进行加工处理的程序。

(2)MUSIC 接口

气象数据统一服务接口(MUSIC:Meteorological Unified Service Interface Community),基于国、省统一数据环境(CIMISS),面向气象业务和科研,提供全国统一、标准、丰富的数据访问服务和应用编程接口。

(3)实时观测数据

指全区观测台站上传的实时观测数据,包括国家级地面自动站观测资料、自治区级地面自动站观测资料、高空观测资料、大气成分观测资料、自动土壤水分观测数据、雷达观测数据等。

(4)入库时效

指实时观测数据入库的时间要求。

(5)结构化数据

即行数据,用二维表结构来逻辑表达实现的数据,如地面、高空、大气成分、农气等资料。

(6)非结构化数据

即数据结构不规则,没有预定义的数据类型,如雷达、卫星、数值模式预报文件等资料。

(7)内、外部用户

内部用户指内蒙古自治区气象局所属机构单位用户,外部用户指除内蒙古自治区气象局所属机构单位外的用户。

3.34.4 职责

观测与网络处负责全区气象资料存储、共享和服务归口管理。

区局气象信息中心负责各类观测数据的加工处理、数据库存储管理、接口服务管理以及对内、外部用户提供数据服务工作。

3.34.5 工作程序

3.34.5.1 观测数据的加工处理

(1)结构化数据的加工处理

区局气象信息中心依托简约流程或其他业务系统对结构化资料解码并入 CIMISS 数据库。当简约流程入库程序故障时,参考《CIMISS 简约流程维护手册(省级)》处理。

(2)非结构化数据的加工处理

区局气象信息中心依托 DPC 对非结构化资料进行解码或重命名,生成标准化格式数据文件并入 CIMISS 数据库。当入库程序故障时,参考《CIMISS 故障排查手册》处理。

(3)数据更新

依托气象资料业务系统(MDOS),对地面、高空、辐射、酸雨、土壤水分数据进行质量控制,将审核出现的疑误数据反馈给相关台站进行修改更正,并将更正后的数据通过消息同步的方式更新至 CIMISS 数据库。

3.34.5.2 观测数据存储和归档

通过在线存储、近线存储、归档存储的方式,按照各类数据存储和归档制度要求,把具有保存价值的数据加以系统整理,汇交给气象档案部门集中统一管理。区局气象信息中心按照《气象数据存储管理办法(试行)》的要求,对观测数据进行存储和归档管理。

3.34.5.3 数据备份

CIMISS 数据库由基础库和支撑库组成，使用的数据库系统为 Oracle 11g 企业版，分别由 2 台服务器做 RAC 集群模式，实现数据在线备份，即当一台机器硬件或者软件出现故障时，数据库自动切换到另一台服务器上，保证数据及服务正常，增强系统的稳定性和可靠性，从而保证自治区的数据库高效稳定运行。

此外，区局气象信息中心按照《省级资料互备应急方案》对 CIMISS 系统与山西省开展省际资料互备，当 CIMISS 系统故障时，通过网络和负载均衡切换，将本地数据服务切换到备份的省份（山西），保证气象数据实时业务稳定，待 CIMISS 业务系统恢复正常后，通过网络和负载均衡切换，切回到区数据环境，进行数据补入，恢复正常服务。

3.34.5.4 对内用户服务

内部用户通过申请注册的形式向区局气象信息中心提交《数据使用申请表》，经区局气象信息中心审批后，通过 MUSIC 接口对其提供数据共享服务。部分直属单位获取到数据后制作成相应的产品后继续向其他用户提供服务。

3.34.5.5 对外用户服务

按照《中华人民共和国气象法》《涉外提供和使用气象资料审查管理规定》《气象资料共享管理办法》《关于进一步做好气象资料共享服务工作的通知》等文件，根据用户需求提供相应的数据产品。

3.34.6 过程绩效的监视和考核

目标名称	计算公式或方法	目标值	考核频次	监视部门
入库及时率	及时入库数/应入库数×100%	区局考核指标	每月	观测与网络处

3.35 标准规范控制程序

3.35.1 目的

收集、识别和贯彻内蒙古自治区气象观测业务活动所必须遵守的标准、规范及其他要求。

3.35.2 范围

本程序适用于内蒙古自治区气象部门气象观测业务规划、项目建设、科研开发、站网管理、运行管理、装备保障、数据传输、数据存储、数据质量控制、产品制作等标准和规范的收集、识别、应用及制修订活动。

3.35.3 术语

（1）标准

标准属规范性文件。是为了在一定的范围内获得最佳秩序，经协商一致制定并由公认机构批准，共同使用的和重复使用的一种规范性文件。

（2）规范

规范是约定俗成或明文规定的标准。

3.35.4 职责

政策法规处负责收集全区气象观测业务相关外来标准；负责全区标准信息库的建立、维护和更新，并建立全区标准清单；组织开展标准制修订、应用意见反馈工作。

观测与网络处负责收集全区气象观测业务相关规范及其他要求；参与新标准制修订、执行、检验及检查。

区局相关处室、有关直属单位、盟(市)气象局、旗(县、市、区)气象局/台站负责收集、应用与本单位业务相关的标准、规范及其他要求，并建立本单位标准、规范清单；负责检查本单位标准、规范的遵守和执行情况。

3.35.5 工作程序

3.35.5.1 标准、规范的收集、识别及应用

(1)标准、规范的范围

自治区、盟(市)、旗(县、市、区)气象局与气象观测业务有关的活动必须遵守相关的法律、法规、标准、业务规范、工作制度、管理办法等。

(2)标准、规范收集途径及记录

1)接收上级主管部门或行政部门发布的有关信息和资料；购买与本单位活动相关的新发行的标准、规范等资料；通过报刊和互联网收集相关资料；

2)标准、规范等的收集应及时进行登记，记录标准和规范的名称、文件编号、版本号、生效日期、收集方法、收集人、收集日期以及保管位置。

3)适用标准、规范的识别与保管

a. 由各单位对已收集到的标准、规范进行调查，并把适用于本单位活动的标准、规范识别出来，建立本单位标准规范清单；

b. 各单位应保存相关标准、规范的原件。

4)标准、规范的传达

a. 按照《文件控制程序》要求将标准、规范通过公告或通知传达到各单位；

b. 区局相关处室、有关直属单位、盟(市)气象局、旗(县、市、区)气象局/台站通过气象标准化网获取标准。

5)标准、规范符合性检查

定期检查各单位在业务活动中遵守和执行标准规范的情况。

6)标准、规范的变更

a. 标准、规范变更时，可通过 3.35.5.1 中(2)条中的各种途径收集并识别，把旧的不适用的标准、规范进行更新；

b. 识别出新的标准、规范时应及时按照 3.35.5.1 中(2)条的 4)款的要求向相关单位发放，并将失效版本按照《文件控制程序》处置。

3.35.5.2 标准制修订

政策法规处牵头组织标准更新、制定，区局所属相关单位参与标准更新、制定，政策法规处组织审核和审查。标准发布后，区局所属相关单位执行标准并检验，及时反馈意见、建议。

3.35.6 过程绩效的监视和考核

目标名称	计算公式或方法	目标值	考核频次	监视部门
标准、规范的现行有效率	现行有效的标准、规范/标准、规范一览表中收录的所有标准、规范×100%	100%	每年	政策法规处、观测与网络处

3.36　业务运行准入与退出控制程序

3.36.1　目的

规范气象观测业务运行管理工作，保障气象观测业务的运行质量和效益，完善气象观测业务运行准入与退出机制，提高业务系统的一体化、集约化水平。

3.36.2　范围

本程序适用于纳入中国气象局业务运行管理的气象观测业务的准入和退出管理。

3.36.3　术语

(1)业务运行准入

业务运行准入是指气象观测业务在具备业务化运行条件后，经审批纳入业务运行管理的机制。

(2)业务运行退出

业务运行退出是指已纳入业务运行考核的气象观测业务，经审批退出业务运行管理的机制。

3.36.4　职责

观测与网络处向上级主管部门提出本辖区气象观测业务运行准入和退出的申请；承担本辖区气象观测业务运行准入和退出的组织实施工作；根据需要，组织气象观测业务运行准入和退出的相关评估工作。

大气探测技术保障中心承担气象观测业务运行准入和退出的相关评估工作。

盟(市)气象局、旗(县、市、区)气象局/台站逐级提出本辖区气象观测业务运行准入和退出的申请，并配合做好气象观测业务运行准入和退出相关评估工作。

3.36.5　工作程序

3.36.5.1 业务运行准入

(1)准入条件

1)中国气象局统一布局的气象观测业务，经过业务试运行后，由观测与网络处提出业务运行准入申请。

2)中国气象局组织开展的重点工程项目、重大科研项目中建设或购置的观测设备，需要纳入全国综合气象观测网运行管理的，由观测与网络处提出业务运行准入申请。

(2)申请准入的材料

观测业务运行准入申请一般包括以下材料：

1)业务试运行工作报告、技术报告；

2)业务试运行工作验收意见；

3)其他有关材料。

(3)准入批准及运行管理

气象观测业务所在地开展业务试运行。实施单位准备气象观测业务准入申请相关材料，并依据《气象观测业务运行准入和退出管理办法》上报上级主管部门批准。准入批准后，多渠道筹措经费，配备相应技术装备，执行中国气象局业务技术规范并参加业务质量考核。

3.36.5.2 业务运行退出

气象观测业务运行退出由观测与网络处向上级主管部门提出申请。

(1)退出条件

符合下列条件之一的气象观测业务,可申请业务运行退出:

1)气象观测数据已无应用需求或已失去应用价值;

2)气象观测技术手段落后且已有新的观测手段替代;

3)气象观测设备已达到设计寿命或出现故障且无备件替代的;

4)其他确需退出的情形。

(2)退出申请的材料

观测业务运行退出申请一般包括以下材料:

1)业务基本现状;

2)退出理由及可能影响;

3)专家论证意见;

4)其他相关材料。

(3)退出批准及管理

所有气象观测业务退出申请由实施单位逐级申请,并依据《气象观测业务运行准入和退出管理办法》上报上级主管部门。退出申请批准后,按照《气象部门国有资产使用管理暂行办法》处置相关设施设备,核减相关维持经费。

3.36.6 过程绩效监视与考核

目标名称	计算公式或方法	目标值	考核频次	监视部门
业务准入申请及时率	业务准入及时申请次数/业务准入应申请的次数×100%	100%	每年	观测与网络处

第 4 章　内蒙古自治区气象局观测质量管理体系作业指导书

4.1　气象观测设备运行监控自治区级作业指导书

4.1.1　目的

为确保气象观测设备运行监控值班工作有序开展，规范运行监控值班流程，特制定本作业指导书。

4.1.2　范围

适用于全区各类纳入业务考核的气象观测设备运行状态实时监控，包括运行监控业务系统内基础信息（站网、人员等）管理、设备运行状态实时监控、设备运行异常（故障）识别及信息发布、运行监控业务系统内填报信息审核等环节。

4.1.3　术语

(1)运行监控

依托运行监控业务系统，以全区纳入业务考核的各类气象观测设备为对象，实时动态收集气象观测设备运行状态和设备告警信息，通过运行监控业务系统内置算法，自动识别气象观测设备运行状态。遇有气象观测设备运行异常（故障）时，及时发布监控信息，为气象观测设备维修保障提供支持。

(2)运行监控基础信息

运行监控基础信息是指在运行监控业务系统中包含的气象观测设备观测数据、状态数据、告警信息、维护维修信息、人员信息、环境信息等。

(3)气象观测设备运行异常

气象观测设备运行异常是指在运行监控业务系统中相关气象观测设备运行监控页面所展示的数据未到、数据错误、数据可疑等情况。

4.1.4　工作程序

(1)气象观测设备运行监控基础信息维护

运行监控管理人员需制定并根据业务需求及时完善运行监控业务、职责流程；根据台站上报或观测与网络处下发文件，及时对运行监控业务系统基础信息（包括：用户信息、系统权限、站网信息等）进行更新，并对运行监控业务系统定期或不定期进行维护。

(2)气象观测设备运行监控

大气探测技术保障中心运行监控业务人员依托运行监控业务系统，对全区国家自动气象观测站、新一代天气雷达、L 波段探空雷达、自动土壤水分观测设备、闪电定位仪、自治区级自动气象观测站、大气成分观测设备、GNSS/MET 水汽站等气象观测设备运行状态开展实时监控，并根据监控结果为设备管辖单位、保障科室开展气象观测设备维护维修保障活动提供支撑。

运行监控值班工作分为：汛期（6 月至 8 月）和重大气象灾害应急响应期间，实行 24 小时不间断值守；非汛期，每日 08:30—12:00、14:30—17:30 有人值守。

1)运行监控值班工作流程

08:30—09:00 完成交接班，浏览上一班次值班日志，了解气象观测设备运行状态和维护、维修进展，做好相关信息记录。

08:30 至次日 08:30 实时查看运行监控业务系统内各类气象观测设备运行监控页面和维护维修信息，并按规定记录。遇有气象观测设备运行异常、台站填报维护维修信息、有台站提出技术支持申请时，应立即联系相应部门核实情况，并及时向大气探测技术保障中心相关保障人员及相关业务管理人员反馈信息。

每日 10:00 发布“设备运行快报”，发布内容包括：新一代天气雷达、L 波段探空雷达、国家自动气象观测站历史 24 小时内的运行状况，适时调整参与通报的气象观测设备类型。备注：“设备运行快报”仅在汛期和重大气象灾害应急响应期间发布。

次日 8:30 前整理监控值班室内务，为交接班做准备。

2)气象观测设备运行异常（故障）识别与响应流程

运行监控值班人员依托运行监控业务系统，自动或人工判别气象观测设备运行异常（故障）。如气象观测设备运行异常（故障）属实时，运行监控值班人员应及时告知相关人员，并提醒、指导、督促、核实台站在运行监控业务系统中填报维护、维修单据；台站发现所辖范围内气象观测设备异常（故障）或接到上级部门通知后，应及时在运行监控业务系统中填报维护、维修单据，并根据保障进展更新所填单据。运行监控值班人员根据维护、维修进展向相关人员适时发布信息。

气象观测设备运行异常（故障）处置结束后，运行监控值班人员应及时核实相应气象观测设备数据是否正常。

3)其他特殊情况处理流程

如果同类型多个台站均显示数据未到，运行监控值班人员应与区局气象信息中心联系，确认相关台站数据是否已上传到区局气象信息中心。如已上传，需及时核实运行监控业务系统运行是否正常；如未上传，则继续跟踪监控。

(3)气象观测设备运行状况信息发布

1)气象观测设备运行异常（故障）信息发布

气象观测设备运行异常（故障）发生后，“观测宝”平台根据设定规则自动向相关人员推送设备异常告警信息，运行监控值班人员收到设备运行异常信息后，根据故障情况及维修进展决定是否需要通过微信、电话、短信等渠道通知相关保障人员（管理人员），并持续跟踪直至故障排除。

2)气象观测设备运行状况通报

汛期期间，运行监控值班人员每日 10:00 根据设备运行状态、故障维护、维修进展情况编辑“设备运行快报”信息，按照“编→审→发”流程向有关人员通报全区新一代天气雷达、L 波段探空雷达、国家级自动气象站历史 24 小时内的运行状况。

3)重大活动或应急响应期间气象观测设备运行状况通报

重大活动或应急响应期间，运行监控值班人员按照应急响应级别要求，发布“设备运行快报”信息，并报送“应急响应设备运行状况”报告。

4.2　气象观测设备运行监控台站级作业指导书

4.2.1　目的

为了规范辖区内气象观测设备运行监控工作，保障气象观测设备稳定、可靠运行，特制定本作业指导书。

4.2.2　范围

适用于所有纳入业务考核的气象观测设备。

4.2.3　术语

(1)运行监控

依托运行监控业务系统，以辖区内纳入业务考核的各类气象观测设备为对象，实时收集气象观测设备运行状态和设备告警信息，通过运行监控业务系统内置算法，自动识别气象观测设备运行状态。遇有气象观测设备运行异常(故障)时，及时处理并填报相关单据，以缩短气象观测设备故障维修时间，提高气象观测设备的运行效能。

(2)气象观测设备运行异常

气象观测设备运行异常是指在运行监控业务系统中相关气象观测设备运行监控页面所展示的数据未到、数据错误、数据可疑等情况。

4.2.4　工作程序

(1)监控类型

包括新一代天气雷达、L 波段探空雷达、国家自动气象观测站、自动土壤水分观测设备、闪电定位仪、自治区级自动气象观测站、大气成分观测设备、GNSSS/MET 水汽站等气象观测设备。

(2)气象观测设备运行状态实时监视

台站业务人员根据《综合气象观测系统气象装备运行监控业务运行规定(试行)》文件要求，在运行监控业务系统中填报相关的维护、维修信息。对所辖范围内的人员基本信息、气象观测设备信息、台站站网信息、探测环境等信息进行维护，并及时将相关变化信息收集报送有关上级部门。

对于 L 波段探空雷达应根据《关于规范综合气象观测运行监控系统(ASOM2.0)维护维修表单填报工作的通知》文件要求，在每个探测时次结束后都应填报日巡查维护单，并在维护单中填写本时次探空终止高度、测风终止高度和探测终止原因；如高度未达到考核要求，需填写高度未达考核要求的原因。

(3)气象观测设备异常(故障)情况处理

台站监控人员发现所辖范围内气象观测设备异常(故障)或接到上级部门通知(电话/“观测宝”平台推送的信息)后，应立即核实并根据实际情况进行反馈，如气象观测设备确实发生故障，应及时在运行监控业务系统中填报维修单据，并通知相关技术保障人员进行维修，技术保障人员按照《气象观测设备维修控制程序》开展维修工作。台站监控人员根据保障维修进展按照《综合气象观测系统气象装备运行监控业务运行规定(试行)》文件要求更新所填单据;故障排除后,应及时通过运行监控业务系统关闭已上报的故障单。

4.3 仓储物资管理作业指导书

4.3.1 目的

为规范内蒙古自治区气象局各级气象设备保障部门气象观测设备、配件等的仓储物资管理工作,特制定本作业指导书。

4.3.2 范围

本作业指导书适用于气象设备保障部门库房内的仓储物资管理。

4.3.3 职责

大气探测技术保障中心做好库内设备防火、防盗及环境卫生等工作;负责库内设备的日常维护,确保物资处于正常状态;实时填写《出入库登记表》,并在"气象技术装备动态管理信息系统"填报登记;按年度进行物资盘点,确保账物相符。

盟(市)气象局做好库内设备防火、防盗及环境卫生等工作;负责库内设备的日常维护、送检等,确保物资处于正常状态;实时填写《出入库登记表》,并在"气象技术装备动态管理信息系统"填报登记;按年度进行物资盘点,确保账物相符。

旗(县、市、区)气象局/台站做好库内设备防火、防盗及环境卫生等工作;负责库内设备的日常维护、加电测试、送检等,确保物资处于正常状态;实时填写《出入库登记表》,并在"气象技术装备动态管理信息系统"中填报登记;按年度进行物资盘点,确保账物相符。

4.3.4 工作程序

(1)安全检查

1)库房内严禁吸烟,严禁火种入内,不准使用电炉、电取暖设备等电器;

2)不准在仓库周围堆放易燃物品,并要经常清理杂物,无关人员禁止入库;

3)库管人员离开库房时要检查门窗、门锁;

4)定期巡视、发现问题及时处理,并报告主管领导。

(2)设备状态检查

1)检查存储的气象观测设备的外观是否完好,设备本身是否有损坏;

2)通过检查发现存在影响设备使用的及时返厂维修;

3)检查传感器的检定日期,对即将到期的传感器等气象设备及时送检。

(3)加电测试

1)对库内存储的自动站设备进行电性能测试,确保设备正常使用;

2)通过加电测试发现存在影响设备使用的及时返厂维修。

(4)物资盘点

1)负责组织年度盘点工作,编制《仓储物资盘点信息表》;

2)按照《仓储物资盘点信息表》负责现场盘点工作,并做好盘点记录;

3)《仓储物资盘点信息表》应有盘点人员签字。对盘盈、盘亏设备,需说明原因,并及时提出处理措施。

4.4 气象观测设备采购计划编报和合同签订作业指导书

4.4.1 目的

为了规范全区气象观测设备、配件采购计划编制、上报、合同签订工作，特制定本作业指导书。

4.4.2 范围

适用于新一代天气雷达、L波段探空雷达、国家自动气象观测站、自动土壤水分观测设备、大气成分观测设备、闪电定位仪、自治区级自动气象观测站等设备、配件的采购计划编制、审批、合同签订。

4.4.3 职责

大气探测技术保障中心负责全区新一代天气雷达、L波段探空雷达、国家自动气象观测站、自动土壤水分观测设备、大气成分观测设备、闪电定位仪等设备、配件需求的收集、汇总和分析；负责编制采购计划表并上报上级主管部门；起草采购合同并由部门分管领导或负责人进行审批，审批通过后，签订气象观测设备采购合同。

盟(市)气象局负责辖区范围内国家自动气象观测站、自动土壤水分观测设备、大气成分观测设备、闪电定位仪、自治区级自动气象观测站等设备、配件需求的收集、汇总和分析；负责编制采购计划表；起草采购合同并由盟(市)气象局分管领导或负责人进行审批，审批通过后，签订气象观测设备采购合同。

旗(县、市、区)气象局/台站负责辖区范围内国家自动气象观测站、自动土壤水分观测设备、大气成分观测设备、闪电定位仪、自治区级自动气象观测站等设备、配件需求的分析；负责编制采购计划表；起草采购合同并由旗(县、市、区)气象局/台站分管领导或负责人进行审批，审批通过后，签订气象观测设备采购合同。

4.4.4 工作程序

(1)气象观测设备采购计划

1)根据所辖范围内设备建设情况、运行状况和配件等储备的情况，根据需求并结合业务经费下达情况统筹编制采购计划表；

2)由采购部门分管领导或负责人对采购计划表进行分析、审核，针对不符合业务、财务规定或有关要求的申请，告知部门调整计划；

3)采购计划表需根据上级业务主管部门需求进行备案。

(2)合同签订

1)采购部门起草采购合同，并由部门分管领导或负责人进行审批；

2)审批通过后，由采购部门法人代表或授权代表与气象观测设备供应商签订设备采购合同；

3)合同签订后及时登记并存档。

4.5 气象观测设备验收入库和调拨出库作业指导书

4.5.1 目的

为了规范全区气象观测设备的验收入库、调拨出库管理工作，特制订本作业指导书。

4.5.2 范围

本作业指导书适用于气象观测设备、配件等验收、出入库过程管理。

4.5.3 术语

(1)收料单

收料单是统一采购的气象观测设备，在验收合格入库时所开具的记录凭证。

(2)发料单

发料单是根据气象观测设备采购计划，将气象设备调拨出库时所开具的记录凭证。

(3)调拨单

调拨单是指气象观测设备在相关单位之间进行固定资产调拨时所开具的单据。

4.6 自动气象观测站现场核查作业指导书

4.6.1 目的

现场核查是验证观测设备及其测量系统性能的一项维护性工作，是保证气象观测设备观测数据准确性的重要基础工作，为提高气象观测设备的运行稳定性与数据可靠性，规范、指导工作人员开展自动气象观测站现场核查工作，特制定本作业指导书。

4.6.2 范围

适用于全区自动气象观测站的现场核查业务，主要针对气压、气温、湿度、风向、风速、雨量等传感器测量性能进行现场核查。对于现场天气、气候条件恶劣，不能开展核查的，可以在室内检定或校准后现场更换。

4.6.3 工作程序

(1)核查方案制定

各盟(市)气象局依据中国气象局印发的《区域自动气象站现场核查方法(试行)》(附件)制订本盟(市)气象局自动气象观测站的现场核查方案。

(2)现场核查实施

各盟(市)气象局、旗(县、市、区)气象局/台站依据《区域自动气象站现场核查方法(试行)》(附件)、《内蒙古自治区气象局观测与网络处关于做好全区区域自动气象站现场核查工作的通知》《内蒙古自治区气象局观测与网络处关于进一步做好气象观测设备现场核查工作的通知》《内蒙古自治区地面自动气象观测站运行管理办法(试行)》开展自动气象观测站现场核查工作。

开展现场核查工作时，首先断开气象观测设备通信供电系统，依据《区域自动气象站现场核查方法(试行)》(附件)完成现场核查工作后，删除主采集器中的伪数据，连接通信系统，将气象观测设备恢复为正常运行状态。

现场核查结果不符合要求的，应立即查找原因，通过维修、维护或者更换备件等方法进行修复，直至符合要求。

(3)核查数据记录

现场核查完成后填写核查记录表，并整理存档以便业务检查。盟(市)气象局汇总所辖自动气象观测站现场核查记录表，并完成年度现场核查工作总结，报送至观测与网络处。

4.7　地面气象观测设备维护台站级作业指导书

4.7.1　目的

为了确保气象观测设备维护的及时性、规范性，提高气象观测设备运行稳定性，特制定本作业指导书。

4.7.2　范围

适用于国家自动气象观测站、自治区级自动气象观测站、闪电定位仪、自动土壤水分观测设备、大气成分观测设备(下文统称地面自动气象观测设备)的旗(县、市、区)气象局/台站级维护活动。

4.7.3　工作程序

(1)旗(县、市、区)气象局/台站依据《地面气象自动观测规范(第一版)》《内蒙古自治区地面自动气象观测站运行管理办法(试行)》《新型自动气象站维护规范(试行)》《区域自动气象站维护规范(试行)》《自动土壤水分观测规范》《内蒙古气象技术装备保障手册》等要求和技术手册对本辖区内地面气象观测设备开展常规维护，并按照相关规范填写维护信息表后存档，按照《气象观测设备运行监控程序》在运行监控业务系统内填报相应维护信息。

(2)国家自动气象观测站依据《新型自动气象站维护规范(试行)》《地面气象自动观测规范(第一版)》及其他相关文件的维护内容、技术要求和检验方法对观测场地以及传感器进行周期性维护，并做好记录。

(3)自治区级自动气象观测站依据《区域自动气象站维护规范(试行)》及其他相关文件的要求，对探测环境、观测场、围栏和标牌、围栏外环境以及设备进行周期性维护，并做好记录。

(4)闪电定位仪应每年检查一次干燥剂是否失效，如果失效，应更换；每三年应检查一次密封海绵垫圈的密封性，如果失效，应更换；电源部分靠近散热片的三个电解电容大约3～4年后易干枯、老化，30000小时后应更换新的电解电容。

每月第一个工作日，对室内电源、通信模块、观测设备进行一次详细的检查维护，灾害天气发生后，应对设备进行一次详细的检查维护。

(5)自动土壤水分观测设备依据《自动土壤水分观测规范(试行)》及相关技术资料开展维护工作。定期巡视观测场和设备；每年至少一次对自动土壤水分观测设备的传感器、采集器和整机进行现场检查、校验。每年春季对防雷设施进行全面检查，对接地电阻进行复测；按气象部门制定的核查要求进行电性能核查；无人值守的自动土壤水分观测设备由业务部门每月派技术人员到现场检查维护至少1次，检查、维护的情况应记入值班日志中。对观测数据有影响的还要摘入备注栏；备份器件、设备要有专人保管，存放地方要符合要求，传感器要保持正常、完好。

(6)大气成分观测设备维护内容和维护方法参见《大气成分观测业务规范(试行)》《大气成分观测业务技术手册》及其他相关规定。

维护过程中,如发现气象观测设备性能下降时,按照相关技术规范进行性能恢复;如发现气象观测设备存在故障,按照《气象观测设备维修控制程序》执行。

4.8　L 波段探空雷达维护作业指导书

4.8.1　目的

为了充分发挥 L 波段探空雷达的性能,保持长期正常工作,保证测量精度,延长使用寿命,确保维护的及时性、规范性。

4.8.2　范围

适用于内蒙古自治区气象局管辖的 L 波段探空雷达维护工作的管理。

4.8.3　术语

L 波段探空雷达维护是指使用标准方法和流程,对观测设备进行检测和调整,使之达到相关技术指标要求。

4.8.4　工作程序

L 波段探空雷达日、周、月维护主要由国家高空气象观测站(以下简称"高空站")实施,年巡检和年维护高空站进行自检,若出现无法解决的问题,大气探测技术保障中心进行技术支持。

(1)日维护

1)日维护主要以清洁工作为主,擦除各机箱面板和天线装置外壁的灰尘;

2)在下雨、下雪天时,必须经常注意室外装置是否漏水,电缆是否受潮等,在大风的情况下要做好防风工作;

3)检查数据处理终端界面上雷达各状态、参数显示是否正常,注意室内、室外装置有无异常声音和气味等,发现问题要及时处理。

(2)周维护

1)测风雷达设备维护

a. 对测风雷达的各部分进行外观检查和清洁工作;

b. 检查各电缆连接是否可靠,插座是否有松动现象;

c. 检查雷达的水平情况;

d. 检查室外装置是否漏水,电缆是否受潮、老化等;

e. 检查数据处理终端界面上测风雷达各状态、参数显示是否正常,注意室内、室外装置有无异常声音和气味等,发现问题要及时处理;

f. 检查天线转动系统是否灵活;

g. 雷达接地是否良好;

h. 手动检查内控盒工作是否正常;

i. 用固定有源目标物检查仰角、方位是否正常。

2)辅助设备检查

a. 计算机查杀毒软件是否按时升级和进行了病毒检查;

b. 检查 GTC2 型 L 波段探空数据接收机(或 701 备用接收机)是否能正常工作;

c. 检查 UPS 输入、输出电压是否正常;

d. 检查基测箱是否正常；

e. 检查经纬仪是否正常可用；

f. 检查油机燃油、机油油位是否能正常工作。

3)数据资料备份

a. 数据是否整理、备份；

b. 重要数据是否及时刻录光盘或存入移动硬盘；

c. 重要资料(相关的文字资料进行整编和归档处理)是否制作。

(3)月维护

月维护主要是对雷达进行比较全面的检查维护，对复杂或重要部件进行重点保养。各站根据情况可灵活掌握。

1)测风雷达设备测试与检查

a. 光、电轴一致性检查，可利用正点放球观测的机会，每月进行一次观测；

b. 检查测风雷达的方位、仰角显示是否正常；

c. 检查天线转动系统是否灵活；

d. 检查天线座是否水平；

e. 距离零点的标定，可用主波前沿的方法，每月检查不少于一次；

f. 利用晴天正点放球机会，做一次与经纬仪比较观测记录或在天线瞄准镜内观测并记录误差，将记录保存起来待下次校验时用；

g. 天线馈线及其接插件绝缘可靠性是否符合要求；

h. 天线装置水平的检查，一般情况下每月检查调整不少于一次；

i. 用固定目标物回波，大致检查接收机的灵敏度。

2)测风雷达设备维护

a. 对测风雷达的各部分进行外观检查和清洁工作；

b. 检查各电缆连接是否可靠，插座是否有松动现象；

c. 检查雷达的水平情况；

d. 检查室外装置是否漏水，电缆是否受潮、老化等；

e. 检查数据处理终端界面上测风雷达各状态、参数显示是否正常，注意室内、室外装置有无异常声音和气味等，发现问题要及时处理；

f. 检查天线转动系统是否灵活；

g. 雷达接地是否良好；

h. 手动检查内控盒工作是否正常；

i. 用固定有源目标物检查仰角、方位是否正常。

3)辅助设备检查

a. 计算机查杀毒软件是否按时升级和进行了病毒检查；

b. 检查 GTC2 型 L 波段探空数据接收机(或 701 备用接收机)是否能正常工作；

c. 检查 UPS 输入、输出电压是否正常；

d. 检查基测箱是否正常；

e. 检查经纬仪是否正常可用；

f. 检查油机燃油、机油油位是否能正常工作。

4)辅助设备检查与维护

a. UPS的维护应每隔2～3月人为放电一次。而对于经常停电的台站，应防止充电不足，造成蓄电池过度放电，影响蓄电池的使用寿命；

b. 机油检查和更换，空气滤清器检查与清洗，长时间不停电，每月至少要试发电一次；

c. 计算机和打印机的维护，按随机附带的说明书维护。

5)软件系统维护

a. 清理计算机内冗余的垃圾文件；

b. 对计算机硬盘进行碎片整理；

c. 检查主机和备用机的台站参数是否正确。

6)数据资料备份

a. 数据是否整理、备份；

b. 重要数据是否及时刻录光盘或存入移动硬盘；

c. 重要资料(相关的文字资料进行整编和归档处理)是否制作。

(4)年度巡检和年维护

对L波段探空雷达全机进行细致全面的检查与维护保养，测量全机的主要技术性能，对雷达附属设施、探测环境、消防及防雷设施、备件状况等进行检查维护。维护时间根据各地情况安排，尽量不要选在最冷和最热季度进行。维护时，可每天安排一部分内容，在几天内完成，维护内容有：

1)测风雷达设备测试与检查

a. 光、电轴一致性检查，可利用正点放球观测的机会，每月进行一次观测；

b. 检查测风雷达的方位、仰角显示是否正常；

c. 检查天线转动系统是否灵活；

d. 检查天线座是否水平；

e. 距离零点的标定，可用主波前沿的方法，每月检查不少于一次；

f. 利用晴天正点放球机会，做一次与经纬仪比较观测记录或在天线瞄准镜内观测并记录误差，将记录保存起来待下次校验时用；

g. 天线馈线及其接插件绝缘可靠性是否符合要求；

h. 天线装置水平的检查，一般情况下每月检查调整不少于一次；

i. 用固定目标物回波，大致检查接收机的灵敏度。

2)测风雷达设备维护

a. 对测风雷达的各部分进行外观检查和清洁工作；

b. 检查各电缆连接是否可靠，插座是否有松动现象；

c. 检查雷达的水平情况；

d. 检查室外装置是否漏水，电缆是否受潮、老化等；

e. 检查数据处理终端界面上测风雷达各状态、参数显示是否正常，注意室内、室外装置有无异常声音和气味等，发现问题要及时处理；

f. 检查天线转动系统是否灵活；

g. 雷达接地是否良好；

h. 手动检查内控盒工作是否正常；

i. 用固定有源目标物检查仰角、方位是否正常。

3)辅助设备检查

a. 计算机查杀毒软件是否按时升级和进行了病毒检查;

b. 检查 GTC2 型 L 波段探空数据接收机(或 701 备用接收机)是否能正常工作;

c. 检查 UPS 输入、输出电压是否正常;

d. 检查基测箱是否正常;

e. 检查经纬仪是否正常可用;

f. 检查油机燃油、机油油位是否能正常工作。

4)辅助设备检查与维护

a. UPS 的维护应每隔 2～3 月人为放电一次。而对于经常停电的台站,应防止充电不足,造成蓄电池过度放电,影响蓄电池的使用寿命;

b. 机油检查和更换,空气滤清器检查与清洗,长时间不停电,每月至少要试发电一次;

c. 计算机和打印机的维护,按随机附带的说明书维护。

5)软件系统维护

a. 清理计算机内冗余的垃圾文件;

b. 对计算机硬盘进行碎片整理;

c. 检查主机和备用机的台站参数是否正确。

6)数据资料备份

a. 数据是否整理、备份;

b. 重要数据是否及时刻录光盘或存入移动硬盘;

c. 重要资料(相关的文字资料进行整编和归档处理)是否制作。

7)维护内容

a. UPS 的维护,检查电池组的电压,清洁各节电池之间连接点;

b. 对天线单元馈线接点清洁检查;

c. 对有关部位进行加油或换油;

d. 对主要备件进行通电试用;

e. 对最低工作仰角和测角精度进行检查;

f. 防雷避雷工作情况是否符合要求,防雷设施是否超检;

g. 根据情况,确定是否要油漆室外装置或部分补漆等;

h. 检查备份计算机是否正常可用;

i. 检查固定目标物;

j. 检查汇流环接触是否正常,碳刷磨损情况;

k. 检查机械轴、光轴、电轴一致性;

l. 检查仰角、方位零度和距离零点;

m. 天线装置水平的检查;

n. 通信系统是否正常(包括备用通信系统);

o. 向有关管理部门提交年维护工作报告和技术报告;

p. 油机检查,火花塞的清洁,燃油箱内的清洁。

4.9 新一代天气雷达维护自治区级作业指导书

4.9.1 目的

规范内蒙古自治区气象局对新一代天气雷达维护的管理要求，确保维护作业的及时性、规范性。

4.9.2 范围

适用于投入内蒙古自治区气象局业务组网运行的新一代天气雷达维护自治区级工作。其他天气雷达可参照执行。

4.9.3 术语

新一代天气雷达维护是指使用机内和机外仪表，采用统一的方法和流程，对新一代天气雷达进行检测和维护，使之达到技术指标要求。机外仪表应按计量检验规定定期检定。

4.9.4 工作程序

新一代天气雷达汛前巡检和年维护一般由国家天气雷达站配合大气探测技术保障中心实施。

(1)汛前巡检

对设备性能检查、测试，系统标定，对备件储备、附属设施、防雷及消防装置进行检查，目的在于对新一代雷达进行全面的维护和检修，及早发现和解决雷达设备故障和故障隐患，加强雷达系统的维护保障，确保新一代天气雷达汛期和重大气象服务期间高效、稳定运行，一般要求6月之前完成新一代天气雷达巡检工作。汛前巡检停机时间不超过72小时。同时根据《新一代天气雷达业务质量考核办法》规定，在运行监控业务系统中填报维护单，并关联维护停机通知单，维护记录表归档保存。

(2)年维护

年维护工作应结合雷达汛期运行整体情况，主要对整机进行系统检查、参数测试、维护和标校。年维护应对全机进行细致全面的检查与维护保养，测量全机的主要技术性能指标。维护时间一般安排在汛期结束后，维护停机时间不超过120小时。同时根据《新一代天气雷达业务质量考核办法》规定，在运行监控业务系统中填报维护单，并关联维护停机通知单，维护记录表归档保存。

(3)备件、备品维护管理

建立国家天气雷达站级(三级)备件储备库和储备管理制度，汛前巡检、年维护期间大气探测技术保障中心对雷达站储备备件、备品进行检查。

4.10 新一代天气雷达维护台站级作业指导书

4.10.1 目的

规范内蒙古自治区气象局对新一代天气雷达维护的管理要求，确保维护作业的及时性、规范性。

4.10.2 范围

适用于投入内蒙古自治区气象局业务组网运行的新一代天气雷达维护台站级工作。其他天气雷达可参照执行。

4.10.3　术语

新一代天气雷达维护是指使用机内和机外仪表，采用统一的方法和流程，对新一代天气雷达进行检测和维护，使之达到技术指标要求。机外仪表应按计量检验规定定期检定。

4.10.4　工作程序

新一代天气雷达日、周、月维护主要由国家天气雷达站实施，汛前巡检和年维护一般由国家天气雷达站配合大气探测技术保障中心实施。

(1)日维护

按照《新一代天气雷达观测规定》，日维护需重点查看雷达监控状况的日志与峰值功率参数，检查计算机操作系统及应用软件的运行状况、网络通信、UPS 电源情况，并保持机房的温、湿度条件。日维护应在不停机的情况下进行。同时根据《新一代天气雷达业务质量考核办法》规定，在运行监控业务系统中填写日巡查记录，维护记录表归档保存。

(2)周维护

按照《新一代天气雷达观测规定》，周维护重点检查雷达参数(包括噪声系数、相位噪声、滤波前/后功率、强度/速度自动标校检查)、电源状况、面板状态指示，及时处理发现的问题，并对设备内部进行除尘。周维护停机时间不超过 4 小时。同时根据《新一代天气雷达业务质量考核办法》规定，在运行监控业务系统中填报维护单，并关联维护停机通知单，维护记录表归档保存。

(3)月维护

按照《新一代天气雷达观测规定》，月维护重点检查雷达发射部分、伺服部分和系统参数(包括伺服系统控制精度误差、发射机功率和脉宽机外仪表检查和系统相干性)，检查发射机高压部件、汇流环、电机、自备发电机和 UPS，对 UPS 电池进行充放电维护，做好各机柜的清洁工作。月维护应在探测区内无天气过程情况下停机检查，停机时间不超过 24 小时。同时根据《新一代天气雷达业务质量考核办法》规定，在运行监控业务系统中填报维护单，并关联维护停机通知单，维护记录表归档保存。

(4)汛前巡检和年维护

汛前巡检和年维护具体内容详见《新一代天气雷达维护自治区级作业指导书》。

4.11　气象观测设备维修自治区级作业指导书

4.11.1 目的

为了确保气象观测设备维修的及时性、规范性，提高气象观测设备运行稳定性，特制定本作业指导书。

4.11.2　范围

适用于新一代天气雷达、L 波段探空雷达、国家级自动气象观测站、闪电定位仪、自动土壤水分观测设备、大气成分观测设备(下文统称“地面气象观测设备”)的自治区级维修活动。

4.11.3　工作程序

大气探测技术保障中心运行监控值班人员在运行监控业务系统中发现旗(县、市、区)气象局/台站地面气象观测设备发生故障后，应及时通知大气探测技术保障中心地面气象技术保障人员进行关注。

大气探测技术保障中心收到盟(市)气象局、旗(县、市、区)气象局/台站技术支持申请后,及时为其提供远程技术指导。远程技术指导无法排除故障时,技术人员在规定时间内依据距故障现场距离、路程时间、备件储备情况、技术保障方式以及现场可维修情况等,决定是否赶赴现场进行故障排除。大气探测技术保障中心技术人员无法排除故障,根据需要向厂家申请远程技术指导或请求厂家进行现场维修,直至故障排除。

故障排除后观察运行状况,设备运行稳定,上传数据正确,则本次维修工作完成,由旗(县、市、区)气象局/台站人员登录运行监控业务系统完善并关闭故障单。大气探测技术保障中心技术保障人员现场维修的,由技术保障人员填写维修记录表。

大气探测技术保障中心技术保障人员在现场维修过程中有更换备件的,完成维修后应登记备件的消耗信息。

4.12 地面气象观测设备维修盟(市)级作业指导书

4.12.1 目的

为了确保气象观测设备维修的及时性、规范性,提高气象观测设备运行稳定性,特制定本作业指导书。

4.12.2 范围

适用于国家自动气象观测站、自治区级自动气象观测站、闪电定位仪、自动土壤水分观测设备、大气成分观测设备(以下统称“地面自动气象观测设备”)的盟(市)级维修活动。

4.12.3 工作程序

(1)运行监控

大气探测技术保障中心运行监控值班人员每天实时查看运行监控业务系统内地面自动气象观测设备的运行状况,并向盟(市)气象局和旗(县、市、区)气象局/台站技术保障人员通告装备故障信息。

(2)故障排除

盟(市)气象局技术保障部门通过查看运行监控业务系统或收到大气探测技术保障中心发送的设备运行异常信息通知,发现地面自动气象观测设备发生故障时,及时通知并督促旗(县、市、区)气象局/台站进行故障排查并报告业务科。盟(市)气象局技术保障部门了解故障情况后,做好技术支持准备,如遇疑难故障需及时向大气探测技术保障中心汇报故障情况。

盟(市)气象局技术保障部门接到旗(县、市、区)气象局/台站技术支持申请后,在远程技术指导维修未果的情况下,应及时准备好备件、测试维修仪器仪表到达现场进行故障处理。在规定时限内无法排除故障时,应及时向大气探测技术保障中心或设备生产厂家申请技术支持,直至设备运行恢复正常。

故障排除后观察运行状况,设备运行稳定,上传数据正确,则本次维修完成。盟(市)气象局技术保障人员将维修过程填入当天工作记录,并填写维修记录表后存档。

旗(县、市、区)气象局/台站按照相关要求完善运行监控业务系统故障单并将其关闭。

维修过程中有备件更换的,完成维修后应及时进行故障件的送修或采购,并及时登记备件消耗信息。

需将设备送至生产厂家进行维修的，由送修单位做好记录。

4.13　气象观测设备维修台站级作业指导书

4.13.1　目的

为了确保气象观测设备维修的及时性、规范性，提高气象观测设备运行稳定性，特制定本作业指导书。

4.13.2　范围

适用于新一代天气雷达、L 波段探空雷达、国家自动气象观测站、自治区级自动气象观测站、闪电定位仪、自动土壤水分观测设备、大气成分观测设备（以下统称“气象观测设备”）的台站级维修活动。

4.13.3　工作程序

(1)运行监控

旗（县、市、区）气象局/台站级业务人员及时关注所属地区气象观测设备的运行状态，发现设备运行异常时，及时排查设备故障原因。

(2)故障维修

气象观测设备发生故障时，旗（县、市、区）气象局/台站技术保障人员及时在运行监控业务系统内填报故障单，并快速准备备件、测试维修仪器仪表开展现场维修活动。当无维修可用备件时，及时向盟（市）或自治区级技术保障部门提出备件申请，向有关领导和上级部门汇报故障维修进展并及时更新故障单。

规定时限内确定无法排除故障时，应向盟（市）或自治区级技术保障部门申请远程技术指导或现场维修，直至设备恢复正常。

故障排除后观察设备运行状态，设备运行稳定，上传数据正确，则本次维修完成，由维修人员按照相关要求关闭故障单并填写维修记录表。维修过程中有备件更换的，完成维修后应及时进行故障器件的送修或登记。

需要将设备送生产厂家或上级技术保障部门维修的，由送修单位做好记录。

4.14　气象观测设备运行质量评估及通报作业指导书

4.14.1　目的

为指导以气象观测设备类型、设备所属地区、设备故障等为主线，对气象观测设备进行定期或随机制作发布气象观测设备运行质量评估报告，特制定本作业指导书。

4.14.2　范围

参与运行质量评估通报的气象观测设备包括新一代天气雷达、国家级自动气象站、L 波段探空雷达、自动土壤水分观测设备、闪电定位仪、区域自动气象站。今后，将根据业务发展需求，适时调整参与运行质量评估通报的气象观测设备类型。

4.14.3　术语

(1)新一代天气雷达业务可用性

新一代天气雷达业务可用性(A_0)是指在选取的评估时段内，新一代天气雷达无故障工作时间占规定应工作时间的百分比。

(2)新一代天气雷达平均无故障工作时间

新一代天气雷达平均无故障时间(MTBF)是指在选取的评估时段内,新一代天气雷达相邻两次故障之间,设备平均正常工作的时间(单位:小时)。

(3)L波段探空雷达探测高度业务考核标准

本评估指标是指L波段探空雷达探测终止高度应达到业务考核标准高度(表4.1)。

表4.1　业务考核标准高度

站类	探空终止高度考核标准	测风终止高度考核标准
GCOS站	≥30000米	≥28000米
非GCOS站	≥26000米	≥24000米

(4)其他气象观测设备业务可用性

国家级自动气象站、区域自动气象站、自动土壤水分观测设备、闪电定位仪业务可用性是指在选取的评估时段内,观测数据正常时次与应工作时次的百分比。

4.14.4　工作程序

(1)评估数据来源

气象观测设备运行质量评估分析报告数据主要来源于:运行监控业务系统中运行评估模块统计数据、维护维修模块中的记录信息、技术保障人员提供的维护维修信息和运行监控值班记录。

(2)评估指标计算方法

1)新一代天气雷达业务可用性

新一代天气雷达单站业务可用性(A_0)指在选取的评估时段内,雷达无故障工作时间占规定应工作时间的百分比。

$$A_0 = \frac{T_{on} + T_{pm} + T_s}{T_t} \times 100\%$$

其中,总时间 T_t 为《新一代天气雷达观测规定》规定的观测时间,雷达运行时间 T_{on} 表示系统正常、系统报警两种状态时间的代数和;雷达维护时间 T_{pm} 为维护性停机、维修性停机、专项活动停机维护等非故障性停机的总时间;雷达特殊原因停机时间 T_s 为系统正常,观测时段内的特殊原因停机时间。

2)新一代天气雷达平均无故障时间

新一代天气雷达主机和配套设施的平均无故障时间(MTBF)是指在选取的评估时段内,相邻两次故障之间设备平均正常工作的时间,单位为小时。

$$\mathrm{MTBF} = \frac{\sum_{n=1}^{N_f} T_{on}(n)}{N_f + 1}$$

其中,$T_{on}(n)$ 为第 n 次故障和第 $n+1$ 次故障之间的雷达运行时间,不包括雷达故障持续时段内的雷达测试和拷机时间;N_f 为故障次数。

3)新一代天气雷达平均故障持续时间

雷达平均故障持续时间是指在选取的评估时段内,从故障发生到故障修复所用的平均时间，是衡量天气雷达维修能力的综合指标。

$$\overline{T_{\mathrm{fd}}} = \frac{\sum_{n=1}^{N_{\mathrm{f}}}[T_{\mathrm{cm}}(n) + T_{\mathrm{ld}}(n) + T_{\mathrm{ad}}(n)]}{N_{\mathrm{f}}}$$

其中，$T_{\mathrm{cm}}(n)$ 为第 n 次故障的故障维修时间；$T_{\mathrm{ld}}(n)$ 为第 n 次故障台站维修缺乏备件等备件时间；$T_{\mathrm{ad}}(n)$ 为第 n 次故障由于管理原因延误的时间。

4)国家级自动气象站和区域自动气象站业务可用性

$$业务可用性 = \frac{应工作时次 - 未到报时次 - 报文格式错误时次 - 数据错误(或要素缺测)时次}{应工作时次} \times 100\%$$

其中：

应工作时次：自动气象站一天应上传 24 份报文，每整点 1 份，1 天的应工作时次为 24 次。

未到报时次：当监控平台未记录当前时次某站点数据报文时，则计“未到报时次”1 次。

报文格式错误时次：当监控平台监控某站点数据报文不符合《地面气象观测规范》要求，使其无法进行数据文件解译时，则计“报文格式错误时次”1 次。

数据错误(要素缺测)时次：数据错误时次指的是国家级自动气象站/区域自动气象站在当前时次内观测要素出现数据错误≥1 种，则该时次计“数据错误时次”1 次；要素缺测时次指的是国家级自动气象站/区域自动气象站在当前时次内一个或多个观测要素出现缺测，则该时次计“要素缺测时次”1 次。当数据错误和要素缺测同时出现时，仅按 1 次计算。

5)闪电定位仪业务可用性

$$业务可用性 = \frac{正常时次 + 可疑时次}{应工作时次} \times 100\%$$

其中：

应工作时次：闪电定位仪监控频率为 10 分钟一次，每小时 6 次，1 天为 144 次。

正常时次：最近一次状态数据经参数检查正常，则该时次计“正常时次”1 次。

可疑时次：最近一次状态数据显示自检偏差大(自检的通过标志不等于 1024)或晶振偏差大(10MHz 恒温槽石英晶振频率值偏差大于 10Hz 或者小于－10Hz)，则该时次计“可疑时次”1 次。

6)自动土壤水分观测设备业务可用性

$$业务可用性 = \frac{应工作时次 - 数据错误时次 - 未到报时次 - 报文格式错误时次}{应工作时次} \times 100\%$$

其中：

应工作时次：自动土壤水分观测设备整点观测 1 次，一天为 24 次。

数据错误时次：正常进行解析的观测数据经质量检查后又分要素正常、要素可疑、要素错误三个级别，其中当前时次观测要素出现错误≥1 种，则该时次“数据错误时次”记 1 次。

未到报时次：当监控平台系统未记录当前时次某站点数据报文，则记“未到报时次”1 次。

报文格式错误时次：若站点数据报文编码格式与要求不符，无法进行数据文件的解析，则该时次“报文格式错误时次”记 1 次。

备注：以上评估指标算法均已内置于运行监控业务系统。对气象观测设备进行统计评估时，无需再按照上述方法进行手工计算。

(3)编制气象观测设备运行质量评估报告

运行监控值班人员综合应用运行监控业务系统评估数据、气象观测设备维护维修保障信息和运行监控值班记录，逐项统计本作业指导书 4.14.5 中各类气象观测设备评估内容；并依据观测与网络处下发的气象观测设备特殊情况时暂停(停止)评估考核通知文件，适当修正评估结果；最终按照评估报告模板制作气象观测设备运行质量评估分析报告。

(4)审核与发布气象观测设备运行质量评估报告

报告制作人员制作完成气象观测设备运行质量评估报告后，提交相关保障人员审核；保障人员结合评估时段内各类气象观测设备保障工作实际，认真审核评估报告，并向报告制作人员反馈评估意见；报告制作人员根据保障人员反馈意见，修改完善评估报告后报大气探测技术保障中心领导审阅；报告制作人员根据大气探测技术保护中心领导审阅意见，形成气象观测设备运行质量评估报告最终版并适时发布。

4.14.5 评估内容

(1)新一代天气雷达

新一代天气雷达评估内容主要包括：全区平均业务可用性、单站业务可用性、实际运行时间、常规维护时间、特殊情况停机时间、故障维修时间、维护维修及保障情况、设备定标情况等。

(2)L 波段探空雷达

L 波段探空雷达评估内容主要包括：业务可用性、GCOS 站低于业务考核标准探测高度时次及原因统计、非 GCOS 站低于业务考核标准探测高度时次及原因统计、单站探测高度连续 5 天低于业务考核标准统计、维护维修及故障情况等。

(3)其他气象观测设备

国家级自动气象站、自动土壤水分观测设备、闪电定位仪、区域自动气象站评估内容主要包括：全区平均业务可用性、单站业务可用性、数据未到时次、数据错误时次、观测要素缺测时次、维护维修及保障情况等。

4.15 L 波段探空雷达标定作业指导书

4.15.1 目的

规范内蒙古自治区气象局 L 波段探空雷达标定的管理要求，确保标定的技术指标合格。

4.15.2 范围

适用于内蒙古自治区气象局管辖的 L 波段探空雷达标定工作的管理。

4.15.3 术语

标定是指使用标准方法和流程，对观测设备进行检测和调整，使之达到相关技术指标要求。

4.15.4 工作程序

(1)维护标定

维护雷达时，若发现雷达技术指标存在偏差，需进行维护标定。

1)天线水平的标定，用水准器法进行标定。建、迁站架设后，因地基不稳等原因，应适当增加检查次数，在雨季或大风后更要适时进行检查。

2)仰角零度的标定，用经纬仪法进行标定。

3)光轴与天线俯仰机械轴标定，用瞄准镜法进行标定。

4)光轴与天线水平面机械标定，用瞄准镜法进行标定。

5)方位角零度的标定，用北极星法进行标定。

6)固定目标物和有源目标物的标定，当雷达方位角和仰角在标定时发现大于 0.1°，需要对目标物的仰角和方位的记录进行校准。

7)光轴、机械轴与雷达电轴一致性标定，用调相器法进行标定。在晴空条件下，可利用业务放球 20 分钟以后进行标定。

8)距离零点的标定，用已知距离法进行标定。

(2)维修标定

对影响雷达标定技术性能的组(部)件进行更换、维修、调试后，开展相关标定项目的标定。

(3)专项标定

根据重大气象服务、突发事件等专项工作对雷达标定的要求适时启动的标定。

4.16　新一代天气雷达定标作业指导书

4.16.1　目的

规范内蒙古自治区气象局新一代天气雷达定标的管理要求，确保定标的及时性、规范性。

4.16.2　范围

适用于全区国家天气雷达站(以下简称"天气雷达站")级定标工作的管理。

4.16.3　术语

新一代天气雷达定标是指使用机内和机外仪表，采用统一的方法和流程，对新一代天气雷达进行检测和标校，使之达到技术指标要求。机外仪表应按计量检验规定定期检定。

4.16.4　工作程序

天气雷达站负责周和月维护、维修、调整定标工作，配合大气探测技术保障中心巡检、年维护和专项定标。

大气探测技术保障中心负责汛前巡检及年维护定标工作。具体定标项目包括发射系统、接收系统、天线伺服系统和系统指标共 17 项，各定标项目须满足《新一代天气雷达系统现场验收测试大纲》规定的技术指标要求。

根据新一代天气雷达运行保障的特点，定标分为维护定标、维修定标、调整定标(雷达站)和专项定标四类。

(1)维护定标

定标项目包含在新一代天气雷达的周、月、年维护和巡检工作内容中，定标随各类维护工作开展(各类维护工作对应的定标项目见附录 1)。

1)周维护定标项目(5 项)：机内接收系统噪声系数测量、机内接收系统动态范围测量、系统相位噪声测量、机内回波强度定标检验、机内径向速度测量检验。

2)月维护定标项目(9 项)：发射脉冲宽度定标、发射脉冲峰值功率定标、机内接收系统噪声系数测量、机内接收系统动态范围测量、天线波束指向定标检查、天线控制精度检查、系统相位噪声测量、机内回波强度定标检验、机内径向速度测量检验。

3)汛前巡检和年维护定标项目(17 项)：发射脉冲宽度定标、发射脉冲峰值功率定标、发射机输出/输入极限改善因子测量、机内/机外接收系统噪声系数测量和定标、机内/机外接收系统动态范围测量、天线波束指向定标检查、天线控制精度检查、天线座水平度定标检查、系统相位噪声测量、机内/机外回波强度定标检验、机内/机外径向速度测量检验、实际地物对消能力检查。

(2)维修定标

对影响新一代天气雷达技术性能的组(部)件进行更换、维修、调试后,针对组(部)件对应的雷达分系统,开展相关项目的定标。

(3)调整定标

对影响新一代天气雷达技术性能的参数进行调整后,根据调整参数对应的雷达分系统,开展相关项目的定标。

(4)专项定标

根据重大气象服务、突发事件等专项工作对新一代天气雷达定标的要求适时启动的定标。定标项目应结合重大气象服务、突发事件需求确定。

(5)定标报告

汛前巡检、年维护定标工作结束后10个工作日内,协助大气探测技术保障中心完成定标报告,同时报送观测与网络处和中国气象局气象探测中心。每月10日前,上报上月维护定标报告。

4.17 制氢作业指导书

4.17.1 目的

为确保内蒙古自治区国家高空气象观测站(以下简称"高空站")制氢作业操作的规范性、安全性,特制定本指导书。

4.17.2 范围

本指导书适用于内蒙古自治区高空站制氢业务。

4.17.3 职责

大气探测技术保障中心负责高空站制氢业务的设备保障、技术支持和安全监管。

盟(市)气象局负责本盟(市)所辖台站制氢作业设备的管理和安全监管;负责本盟(市)所辖台站制氢作业人员资质的监管。

台站负责本站制氢设备运行监控、维护保养;负责本站制氢设备运行及测试维护记录的整理、收集、归档;负责本站制氢设备运行异常信息的反馈。

4.17.4 工作程序

(1)制氢环境

应按照最新《高空气象观测站制氢用氢管理办法》和《高空气象观测站制氢用氢设施建设要求》相关规定进行建设。

(2)制氢作业

1)开机前巡视

a. 在总电源没有接通的情况下巡视,查看制氢室内外有无可疑易燃物品;

b. 自来水和循环水箱有无滴漏。

c. 储氢罐压力表指示是否正常,有无漏气现象。

d. 电解槽体、储气罐排污阀、制氢主机各部件有无漏液。

e. 整流控制器有无杂物;旋转电位器是否在最低位置。

f. 机柜内有无烧焦痕迹;电解槽上方的球阀是否保持常开状态。

2)开机前检查

a. 检查氢放空阀、氧放空阀和压力报警阀和增压阀是否打开。

b. 检查氢分析阀、氢储存阀和减压阀是否关闭。

c. 电解槽液位是否合适,如果液位过低应打开加水泵补水。补水时,制氢员应密切观察液位变化,不得离开。

3)开机

a. 接通整流器电源,指示灯应亮,关闭减压阀,打开增压阀,慢慢旋转电位器升高电压(最高不得超过70伏),观察控制压力表和工作压力表使制氢主机压力升高至所需压强(不得超过1.0兆帕)后关闭增压阀。

b. 打开氢气纯度分析仪,氢气纯度不得低于99.7%。记录氢气纯度分析仪显示后可以关闭氧分析阀和氢气纯度分析仪。

c. 测量电解槽体各小室电压并记录,各小室电压应平均分布,电压示值最大差值不能超过0.5伏。

4)储气

打开氢储存阀、关闭氢放空阀。查看氢和氧液位平衡情况(压力差≤100毫米水柱)、电解槽体温度变化情况。

5)开机后巡视检查

a. 制氢机运行过程中应注意巡视制氢室内外环境情况,如果附近发生影响生产安全的事件应及时停止制氢工作。

b. 水电解制氢设备开机运行期间应检查三相交流电控制设备是否发热;整流器电源输出电压、电流是否正常。

c. 电解槽温度是否正常;电解槽液位、氢氧液位是否平衡;控制压力和工作压力是否正常;氢气纯度分析仪示值、储气罐压力变化是否正常。

d. 观察氧气排空是否正常;氢气有没有泄漏;加水箱内有无气泡;氢气泄漏监测设备是否有报警;电解槽温度升高到规定值时(一般78～83℃)冷却水循环设备是否正常工作,如果没有冷却水循环设备则需人工控制自来水进行冷却。

6)关机

a. 慢慢旋转整流电源电位器降低电压到最低,关闭整流器电源,关闭三相交流电电源。

b. 关闭氢储存阀,打开增压阀,打开氢放空阀,稍微打开一点减压阀,观察控制压力表和工作压力表使制氢主机压力慢慢减压到零(减压过程中保持氢和氧液位压力差≤100毫米水柱)。

c. 检查各储氢罐压力表指示是否正常,电接点压力表指示是否正常,制氢主机各部件、三相交流电电源开关设备和整流电源有无异常。

d. 关闭自来水、通风、采光设备。

e. 进行室内外安全检查。

(3)填写值班日记及维护记录

1)水电解制氢生产设备日维护

a. 班前对设备进行检查、清洁。制氢机及各电器设备上不得放置任何杂物;地面要清洁,电解槽体正极与地面保持绝缘。若被水浸湿,须吹干后方可开机。

b. 制氢过程中应检查和测量设备的运行情况,按《水电解制氢工作值班记录表》的有关项目进行检查,检查记录次数不少于三次。发现不正常情况,应及时停机处理。

2)水电解制氢生产设备定期(月)维护

a. 每月检查氢气纯度分析仪干燥筒内硼酸和硅胶,发现变色应及时更换。

b. 整流控制器清洁,主要除去控制板、电器元件、整流变压器等部件上的尘土。用吹尘器对电器件、电路控制板进行清洁处理。利用自有的示波器测量直流输出波形,相差较大时应及时调整。

c. 测试制氢压力保护系统、温度保护系统是否正常工作。若发现异常,则须检查、排除异常现象。

d. 观察制氢主机的冷却系统,正常情况下,用自来水冷却的速度是:当打开冷却水龙头,5分钟温度表显示下降,15分钟应达到理想状态。否则应清洗碱液过滤器。

e. 检查氢气泄漏监测设备是否能正常报警。必要时进行调整维修。

f. 每月进行一次压力管路的气密性检查。包括制氢主机、氢气输送管路、储氢罐周边管路、充球管路和阀门。气密性检查后应及时对设备和管路进行清洁维护,电解槽体上不得有尘土、白色碱液及痕迹。

g. 每半年对电解液浓度进行一次检查,使用比重计测量电解液浓度。使用氢氧化钠的浓度为25%±3%,使用氢氧化钾的浓度为30%±3%。

3)水电解制氢生产设备年维护

a. 清洗电解槽体。

b. 清洗分离除雾器。

c. 检查系统各管路连接情况。

d. 每年对氢气纯度分析仪检定或校准。

具体方法参照《高空气象观测业务涉氢文件修订合编》中的《QDQ2-1型水电解制氢设备操作规程》的3.5节相关要求操作。

4.18 酸雨数据采集作业指导书

4.18.1 目的

为了规范酸雨观测的操作流程,根据《酸雨观测规范》和《酸雨观测业务规范》的规定,特制定本作业指导书。

4.18.2 适用范围

适用于内蒙古自治区气象局所辖酸雨观测台站的酸雨观测业务活动。

4.18.3 术语

(1)常规样品

指台站正常采集的降水样品。

(2)考核样品

指由中国气象局大气成分中心提供的样品。

4.18.4　工作程序

(1)测量前准备工作

1)台站检查并确保电导率仪电极常数设置正确。

2)接通电导率仪和 pH 计的电源,预热 30 分钟。

3)测量前保持样品与缓冲液的环境温度基本一致,按规范要求清洗实验器皿。

(2)样品测量

1)电导率测量

a. 按照先测 K 值、再测 pH 值顺序,先将电导电极浸入测量样品液面以下约 1 厘米深,但不能触碰杯底,并处于烧杯中央。

b. 待读数稳定后读取三个电导率数值和一个平均温度并记录。

2)pH 值测量

a. 首先需要按照各型号设备说明书进行操作,将 pH 计通过两点定位进行 pH 计的标定。

b. 把用蒸馏水清洗过三次并用面巾纸轻轻拭干后的 pH 电极浸入被测溶液中,待读数稳定后读取并记录三个 pH 值。

c. 清洗复合电极,并用滤纸将其表面的残液吸干,将电极的塑料套套上,堵住上部的通气小孔。

(3)记录填报

1)将常规样品测量记录输入地面综合观测业务软件(ISOS)上传至区局气象信息中心(注:通常情况下电导率测量中已经使用了温度电极,因此在将电导率记录输入软件时一定要勾选 K 值温度补偿选项),按规范所给词条记录并输入样品的异常现象。

2)每年按规定制作上报酸雨观测环境报告书,及时上报酸雨考核样品的测量报告单。

(4)常规维护

1)台站每月检查并确保各仪器的温度传感器的误差在正常范围内。

2)台站应定期更换或检定电导率仪和 pH 计,每年应更换或校准电导率仪和 pH 计电极。

4.18.5　数据改进考核

根据观测与网络处观测业务质量考核办法,区局气象信息中心、大气探测技术保障中心、盟(市)气象局定期对本辖区气象观测业务质量进行分析、评估、通报。台站根据通报分析查找工作中存在的问题及原因,制定改进措施并及时整改。

4.18.6　过程绩效监视与考核

目标名称	计算公式或方法	目标值	考核频次	监视部门
酸雨样品考核	测量值与标准差的偏差度±2 倍内	优秀	每年	观测与网络处

4.19　新一代天气雷达数据采集作业指导书

4.19.1　目的

为满足新一代天气雷达数据采集的“规范性、可靠性、完整性、及时性”要求,符合中国气象局相关规范技术标准,满足内蒙古自治区气象局对新一代天气雷达数据采集的业务要求。

4.19.2 范围

适用于内蒙古自治区辖区内所有由中国气象局统一布网的新一代天气雷达数据采集的管理。

4.19.3 术语

(1)新一代天气雷达

指中国气象局布网的S波段、C波段新一代天气雷达,其主要观测目的是监测和预警灾害性天气,特别是热带气旋、暴雨、冰雹、雷雨大风、龙卷、雪暴以及其他天气系统中的中小尺度结构等。

(2)新一代天气雷达观测基数据

指以极坐标形式排列的方位、仰角、时间、反射率因子、径向速度、速度谱宽以及采样时的新一代天气雷达参数等信息的数据集。

4.19.4 工作程序

(1)新一代天气雷达数据采集前期准备

按照《数据采集控制程序》,完成数据采集前新一代天气雷达系统及附属设备的安装调试,试运行3个月后,按照《综合观测司关于印发〈新一代天气雷达系统出厂和现场验收测试大纲〉的通知》的要求,进行现场验收测试。

(2)新一代天气雷达数据采集

1)台站值班人员按照《新一代天气雷达观测规定(第二版)》,开展新一代天气雷达观测。

2)台站值班人员开机前应当检查电源电压,天线位置,并确保天线附近无人,严防天线转动和微波辐射对人体的伤害。

3)台站值班人员开机时应当检查系统中各项设置是否符合要求,检查新一代天气雷达各分机是否处在正常工作状态,检查新一代天气雷达系统的产品生成、使用终端及通信网络等是否正常,并按照规定步骤开机。

4)新一代天气雷达观测时制采用北京时。计时方法采用24小时制,计时精度为秒,新一代天气雷达主控、产品生成及传输计算机时间和信息中心时间同步服务器同步,时间误差不得大于1秒。观测资料的记录时间从00:00:00到23:59:59。在汛期观测时段(6月1日—8月31日)内,新一代天气雷达应当全天时连续立体扫描观测。在非汛期观测时段内,每天从10时到15时进行连续观测;在新一代天气雷达监测范围内,预测和发现天气系统,应开机进行连续观测,直至天气过程结束;应根据当地气象服务需求,增加观测时次或进行连续观测。

5)在新一代天气雷达组网观测中,台站值班人员应采用降水观测模式2进行观测;

6)台站值班人员必须注意回波演变,监视重要天气的发生、发展,及时向上级部门和有关单位报告灾害天气的监测和预警信息。

(3)新一代天气雷达数据存储、整编、归档、产品生成

1)台站值班人员及时存储新一代天气雷达基数据,生成和上传规定的产品。

2)台站值班人员根据磁盘容量,及时转存基数据,基数据离线永久保存。

3)台站值班人员每年以时间序列为线索,整编新一代天气雷达基数据,归档新一代天气雷达基数据。

(4)新一代天气雷达数据上传

按照《内蒙古自治区气象局观测与网络处关于组织做好新一代天气雷达PUP产品新版传输软件业务运行的通知》《关于印发组网天气雷达数据流传输业务化方案的通知》,台站值班人

员向区局气象信息中心上传新一代天气雷达基数据、产品、基数据流。

(5)新一代天气雷达运行监控及保障

新一代天气雷达系统运行过程中,台站值班人员应通过现场巡视、手机或网络注意监视新一代天气雷达系统及附属设施运行状况。发现故障,按《气象观测装备维修控制程序》执行,且必须及时向责任部门报告;6 小时内不能排除的故障,应当向盟(市)气象局报告;12 小时内不能排除的故障,应当向观测与网络处和大气探测技术保障中心报告。

(6)新一代天气雷达维护及定标

新一代天气雷达的维护、定标分别按《气象观测装备维护控制程序》《气象观测装备标定及定标控制程序》执行。

(7)观测结束时应当按规定步骤关机

(8)台站协助处理区局气象信息中心数据处理人员无法准确判识反馈的新一代天气雷达疑误信息

(9)数据考核改进

根据观测与网络处观测业务质量考核办法,区局气象信息中心、大气探测技术保障中心、盟(市)气象局定期对本辖区气象观测业务质量进行分析、评估、通报。台站按照《质量改进控制程序》执行。

4.19.5　过程绩效监视与考核

目标名称	计算公式或方法	目标值	考核频次	监视部门
观测数据采集完整率	规定时间内实际采集的观测数据/规定时间内应采集的观测数据×100%	≥95%	每小时	台站

4.20　地面气象观测数据采集作业指导书

4.20.1　目的

为了通过自动采集及人工质量控制获取具有“代表性、准确性、比较性”的地面观测数据,满足《地面气象自动观测规范》《地面气象观测业务技术规定(2016 版)》《内蒙古气象局关于全区地面气象观测自动化正式业务运行的通知》《雷电观测业务规范(试行稿)》要求,特制定本作业指导书。

4.20.2　范围

适用于全区所辖国家基准气候站、国家基本气象站、国家气象观测站(原一般站)和国家气象观测站(骨干站、无人站)和自治区级气象观测站、闪电定位仪的观测业务活动。

4.20.3　术语

(1)地面气象观测

地面气象观测是气象观测的重要组成部分,它是对地球表面一定范围内的大气状况及其变化过程进行系统的、连续的观察和测定,是天气预报、气象信息分析、气候分析、科学研究和气象服务的重要依据。

(2)雷电观测

雷电观测是气象观测的重要组成部分,它是对地球表面大气层内发生的雷电现象进行连续地测定，是天气预报和气象服务的重要依据。目前，全区所辖雷电监测站使用闪电定位仪开展雷电观测。

4.20.4 工作程序

4.20.4.1 国家基准气候站、国家基本气象站、国家气象观测站(原一般站)

(1)前期准备

按照数据采集控制程序，完成数据采集前的设备安装调试等准备工作，巡视维护、维修设备，监控数据，确保主站和备份站的软件和硬件运行正常，探测环境、网络环境符合要求。设备型号为DZZ5或DZZ4，按工作任务设置ISOS软件参数。

(2)数据采集与传输

1)观测数据采集与传输

a. 自动观测数据在设备采集端按照《新型自动气象(气候)站功能需求书》完成自动化采集，自动完成自动站、辐射BUFR小时和分钟数据、酸雨BUFR日数据和自动站分钟BUFR状态数据实时从旗(县、市、区)气象局/台站上传到区局气象信息中心气象通信CTS系统，网络链路故障时按照《气象观测业务应急保障预案》启动网络应急传输流程。旗(县、市、区)气象局/台站备份自动站按照《新型自动气象(气候)站功能需求书》完成自动化采集，数据本站留存，不上传。

b. 按指令启动和自动启动地面气象应急观测，执行《国家级地面气象应急观测实施细则》。按指令启动旗(县、市、区)气象局/台站未实现仪器自动观测的项目由人工录入至相应应急加密观测时次并自动发送BUFR小时数据。自动启动是指当遇有强对流天气，本区域内已发布预警信号提及可能出现龙卷、冰雹时，旗(县、市、区)气象局/台站应随时做好应急观测准备。当旗(县、市、区)气象局/台站出现龙卷、冰雹时，必须按照《地面气象自动观测规范》和相关技术规定开展观测，并编发重要天气报。

2)元数据采集传输

旗(县、市、区)气象局/台站元数据采集通过MDOS系统填报采集，元数据存入MDOS系统，作为A、J、Y等归档文件的组成部分。当旗(县、市、区)气象局/台站基本信息、站网信息、观测信息、要素信息、仪器设备等发生变动，或需登记备注、纪要信息时，由旗(县、市、区)气象局/台站负责完成填报。

(3)数据质量控制

旗(县、市、区)气象局/台站观测数据质量控制由设备端自动完成，并实时将质量控制后的观测数据上传；按照《地面自动化观测业务运行暂行规定》，旗(县、市、区)气象局/台站协助处理区局气象信息中心数据处理人员无法准确判识的疑误信息。

(4)运行监控

在守班期间，旗(县、市、区)气象局/台站实时检查采集数据，同时通过MDOS平台、ASOM系统和数据宝、传输宝、观测宝监控数据，还有旗(县、市、区)气象局/台站、区局气象信息中心、大气探测技术保障中心值班人员实时监控国家基准气候站、国家基本气象站、国家气象观测站(原一般站)运行情况。当采集数据异常或接到告警信息，按照业务规定立即采取相应措施(根据情况启动地面气象应急观测预案)，判断软硬件故障类型，硬件执行《气象观测装备维护控制程序》《气象观测装备维修控制程序》《新型自动气象站维护规范》《新型气象站维修规范》；软件按照《地面综合观测业务软件用户操作手册》检查排除故障；数据干扰排查干扰源，按照《地面气象观测场(室)防雷技术规范》(GB/T 31162—2014)等整改,并按《地面自动气象观测规范》《地面气象观测业务技术规定(2016 版)》《数据质量控制程序》和《地面自动化观测业务运行暂行规定》进行数据质量控制处理。定期做好采集数据和软件参数备份并归档。

(5)装备保障

装备保障业务按《气象观测装备维护控制程序》《气象观测装备维修控制程序》《观测设备标定与定标控制程序》《新型自动气象站维护规范》《新型自动气象站维修规范》执行。出现故障时及时在 ASOM 系统填报故障维修单。

4.20.4.2　国家气象观测站(骨干站、无人站)和自治区级气象观测站

(1)前期准备

1)完成数据采集前相应站址遴选、设备安装调试,监控数据,确保硬件运行正常、探测环境符合要求。设备型号为 DZZ5、DZZ4、DZZ6、CAWS100 等,中心站 SMOS 部署在区局气象信息中心,按照《中心站作业指导书》进行参数配置。

2)通讯模块、采集器程序调试。主要使用 WUSH-8118(9118)和华云尚通本地维护管理软件进行通讯模块的设置调试,具体操作参看《华云尚通本地维护管理软件用户手册》《WUSH-8118(9118)使用手册》。一般使用串口助手(sscom)进行主采集器调试,按照《气象观测装备维护控制程序》执行。

(2)数据采集传输

自动观测数据在设备采集端按照《新型自动气象(气候)站功能需求书》完成自动化采集,按照业务任务设置中心站参数,Z 文件实时从旗(县、市、区)气象局/台站上传到区局气象信息中心的中心站。网络链路故障按照《气象观测业务应急保障预案》启动网络应急传输流程。

(3)数据质量控制

观测数据质量控制由设备端自动完成,并实时将质量控制后的观测数据上传;旗(县、市、区)气象局/台站反馈 MDOS 数据疑误信息和进行因设备故障造成数据异常的主动反馈。执行《数据质量控制程序》进行处理。

(4)运行监控

通过 MDOS 平台、ASOM 系统和数据宝、传输宝、观测宝和区局气象信息中心、大气探测技术保障中心、旗(县、市、区)气象局/台站值班人员实时监控国家气象观测站(骨干站、无人站)和自治区级气象观测站运行情况。发现设备故障或数据异常的,及时到现场维护、维修。

(5)装备保障

装备保障业务按照《内蒙古自治区级自动气象观测站运行保障管理办法(试行)》《气象观测装备维护控制程序》《气象观测装备维修控制程序》《观测设备标定与定标控制程序》《区域自动气象站维护规范(试行)》《区域自动气象站维修规范(试行)》《区域自动气象站现场核查方法(试行)》执行。当出现故障时及时在 ASOM 系统填报区域站自动站维修单和故障维修记录表,维护应填报《雨量传感器现场核查记录表》和《自动气象站维护记录表》。

4.20.4.3　闪电定位仪观测

闪电定位仪数据采集执行《雷电观测业务规范(试行稿)》,业务考核执行《雷电观测业务规章制度(试行稿)》。

4.20.4.4　数据考核改进

根据观测与网络处观测业务质量考核办法,区局气象信息中心、大气探测技术保障中心、

盟(市)气象局定期对本辖区气象观测业务质量进行分析、评估、通报,执行《地面气象观测质量考核办法(2016年修订版)》,填报《地面气象观测综合指数考核表》。旗(县、市、区)气象局/台站按照《质量改进控制程序》执行。

4.20.4.5 数据记录

数据相关处理过程记录在观测与网络处印制的《地面气象观测自动化综合工作日志》。

4.20.5 过程绩效的监视和考核

目标名称	计算公式或方法	目标值	考核频次	监视部门
数据可用率	通过质量检查的数据量/应有数据量×100%	≥99%	每月	观测与网络处、盟(市)气象局
设备稳定运行率	(应工作时次－数据错误时次－未到报时次－数据格式错误时次)/应工作时次×100%	≥99%	每月	观测与网络处、大气探测技术保障中心、盟(市)气象局
传输及时率	及时份数/应发份数×100%	≥99%	每月	观测与网络处、区局气象信息中心、盟(市)气象局
元数据信息	1. 每月2日20时前未完成气候概况填报的,统计3个错情 2. A文件审核备注、纪要栏和气候概况填报错误或漏填报,每条错误信息或漏填报信息统计1个错情 3. 旗(县、市、区)气象局/台站历史沿革变动(旗(县、市、区)气象局/台站名称、区站号、旗(县、市、区)气象局/台站级别、所属机构、旗(县、市、区)气象局/台站位置、障碍物、观测要素、观测仪器、观测时制、观测时间、守班情况、其他变动事项等)、备注和纪要栏应在出现后24小时完成填报,超过24小时填报的每条记录统计1个错情	无错	每月	观测与网络处、区局气象信息中心、盟(市)气象局
地面气象观测质量综合指数	(0.35×设备稳定运行率＋0.25×传输及时率＋0.40×观测数据质量)×100%	≥99%	每年	观测与网络处、盟(市)气象局
雷电考核:数据准确率	通过质量检查的数据量/应有数据量×100%	≥98%	定期	区局气象信息中心
雷电考核:数据及时率	及时份数/应发份数×100%	≥92%	定期	区局气象信息中心

4.21 GNSS/MET数据采集作业指导书

4.21.1 目的

为规范全区GNSS/MET观测数据采集活动,特制定本作业指导书。

4.21.2 适用范围

适用于全区各台站的GNSS/MET观测业务活动。

4.21.3　工作程序

(1)安装要求

1)采集系统外场环境要求

观测站应设在易于安置接收设备的地方,且视场开阔。观测站附近不应有对电磁波反射(或吸收)强的物体;观测站(即接收天线)建设应满足《中国气象局全球导航卫星系统大气探测基准站网建设指南》,应远离大功率的无线电发射台和高压输电线,以避免其周围电磁场对全球导航卫星信号的干扰;放置天线的点位应选用稳定、坚固、无沉降的天线墩。

2)硬件设备安装要求

硬件设备安装应满足《中国气象局全球导航卫星系统大气探测基准站网建设指南(试行)》的相关要求。

3)防雷要求

GNSS/MET 站的场室防雷应符合《自动气象站场室防雷技术规范》(QX 30—2004)的要求;GNSS/MET 站的雷电防护等级为一级。在观测场尽可能安装避雷针,使天线在有效保护范围内;低压配电系统应安装 3 级 SPD 进行保护。

4)软件安装要求

计算机需安装 GNSS Spider 业务软件,其主要功能有:运行操作、监控操作、数据下载、写入数据文件、数据上传。

(2)数据采集及传输

地基 GNSS/MET 系统通过数据采集监控管理软件进行观测数据的采集,每日在正点后,对上一时次的 GNSS/MET 原始数据导航文件和观测文件进行打包,并上传至区局气象信息中心。

(3)定期对仪器进行检定

定期按有关要求进行接收机和温压湿气象仪器的检定。

4.21.4　考核改进

根据《GPS/MET 数据传输规范(试行)》要求,区局气象信息中心、盟(市)气象局定期对本辖区 GPS/MET 数据传输率进行分析、评估、通报。台站应按《质量改进控制程序》执行。

4.21.5　过程绩效监视与考核

目标名称	计算公式或方法	目标值	考核频次	监视部门
传输及时率	实际接收数/应收数×100%	≥96%	每月	台站、区局气象信息中心

4.22　气溶胶数据采集作业指导书

4.22.1　目的

为了规范全区气溶胶监测仪观测、维护、维修、标校活动,保障气溶胶监测仪稳定运行,确保监测仪自动采集数据,特制定本作业指导书。

4.22.2　范围

适用于全区气溶胶监测仪(包括 GRIMM180 粒子谱监测仪、AE－31 黑碳仪、CE－318 太阳光度计、M9003 浊度仪、TEOM－1400a 质量浓度监测仪、FD12 型能见度监测仪)的维护、维修及标校及自动采集数据活动。

4.22.3 术语

气溶胶:大气与悬浮在其中的固体和液体微粒共同组成的多相体系。

4.22.4 工作程序

(1)采集前准备

检查气溶胶监测仪运行状态,做好维护、标校工作。

(2)采集

按照《大气成分观测业务技术手册》(气溶胶观测分册)中的规定安装调试监测仪,正确配置采集软件参数,确保自动采集数据、生成上传文件。

(3)传输

按照《气溶胶质量浓度观测数据文件传输要求》定时自动上传至气象通信系统,遇自动上传时发生故障需人工干预补传。

(4)质量控制信息

每日 00 时(UTC)北京时 08 时对前一日的观测数据进行质量控制并上传至区局气象信息中心。

(5)维护、校准

序号	设备名称	设备类型	标校内容	标校周期	标校单位
1	激光散射法气溶胶质量浓度监测仪	GRIMM180 粒子谱监测仪	粒子计数阈值校准	每年	外部供方
			流量校准	每年	外部供方
			温度比对	每年	外部供方
			压力比对	每年	外部供方
2	气溶胶吸收监测仪—黑碳气溶胶观测仪	AE-31 黑碳仪	零检查	每两月	台站
			流量校准	每年	外部供方
3	气溶胶光学厚度监测仪—太阳光度计	CE-318 太阳光度计	室内标准光源校准	每年	外部供方
			平行比对/长法校准(Langley 法)	每年	外部供方
4	气溶胶散射系数监测仪	M9003 浊度仪	零/跨检查全校准	每年	台站
5	PM10 监测仪	TEOM—1400a	流量校准	每年	外部供方
6	能见度监测仪	FD12 型	校准	每季度	台站

4.22.5 考核改进

根据观测与网络处气溶胶观测数据文件传输要求,区局气象信息中心、盟(市)气象局定期对本辖区气溶胶监测数据传输率进行分析、评估、通报。台站应按《质量改进控制程序》执行。

4.22.6 过程绩效的监视和考核

目标名称	计算公式或方法	目标值	考核频次	监视部门
传输及时率	实际接收数/应收数×100%	≥90%	每月	观测与网络处、区局气象信息中心

4.23 自动土壤水分数据采集作业指导书

4.23.1 目的

为了保证土壤水分观测数据的连续性，更好地为干旱监测、农业气象预报和服务提供高质量的土壤水分观测资料，根据《自动土壤水分观测规范（试行）》的要求，特制定本作业指导书。

4.23.2 范围

适用于内蒙古自治区气象局自动土壤水分观测设备的数据采集。

4.23.3 术语

（1）土壤重量含水率

以土壤体积含水量与土壤容重的比值表示。

（2）土壤相对湿度

以重量含水率占田间持水量的百分比表示。

（3）土壤水分贮存量

土壤水分总贮存量指一定深度（厚度）的土壤中总的含水量，以水层深度（单位：毫米）表示。

（4）土壤有效水分贮存量

土壤有效水分贮存量是指土壤中含有的大于凋萎湿度的水分贮存量。

4.23.4 工作程序

（1）数据采集流程

1）按《农业气象观测规范》要求，在观测地段附近分层测定土壤容重、田间持水量和凋萎湿度等土壤水文、物理常数，并在土壤水分观测设备值班日志中填写。

2）自动土壤水分观测设备的田间标定按照《气象观测设备标定与定标控制程序》执行。

3）在完成田间标定工作后，需达到业务化检验标准，方能投入业务使用。

4）自动土壤水分观测设备自动测量结果为土壤体积含水量，根据土壤水文、物理常数和相关公式可计算出土壤质量含水率（%）、土壤相对湿度（%）、土壤水分总贮存量（毫米）和土壤有效水分贮存量（毫米），具体按照《自动土壤水分观测规范》执行。

5）土壤水分观测数据监控和异常处理按照《气象观测设备运行监控台站级作业指导书》执行。

6）自动土壤水分观测设备维修按照《地面自动气象观测设备维修台站级作业指导书》执行。

7）自动土壤水分观测设备维护按照《气象观测设备维护控制程序》执行。

8）土壤水分观测数据上传按照《中心站作业指导书》执行。

9）按照《自动土壤水分观测规范（试行）》要求做好自动土壤水分值班日志的填写工作。

10）已投入业务运行达 2 年的自动土壤水分观测站，需进行电性能核查校准。

（2）数据考核改进

根据观测与网络处质量考核办法，区局气象信息中心、盟（市）气象局定期对本辖区气象观测业务质量进行分析、评估、通报。台站根据通报分析查找工作中存在的问题及原因，按照《质量改进控制程序》执行。

4.23.5 过程绩效的监视和考核

目标名称	计算公式或方法	目标值	考核频次	监视部门
传输及时率	及时份数/应发份数×100%	≥96%	每月	观测与网络处、区局气象信息中心
业务化检验标准	绝对误差 $\bar{\sigma}=\frac{\sum_{i=1}^{N}\lvert x_i-a_i\rvert}{N}\times 100\%$	≤5%	每月	观测与网络处

4.24 农业气象观测作业指导书

4.24.1 目的

为规范农业气象观测，保证数据的准确性、可靠性，提高业务水平和质量，保障农业气象业务正常运行，特制定本作业指导书。

4.24.2 范围

适用于内蒙古自治区气象局承担农业气象观测任务的应用气象观测站。

4.24.3 工作程序

(1)农业气象观测流程

1)土壤水分观测：根据本站观测任务做好土壤水分观测、地下水位深度、干土层厚度、降水渗透深度以及农田土壤冻结和解冻观测的记录并及时上传数据；按照区局观测与网络处通知，适时开展人工加密土壤水分观测并及时上传数据；开展土壤水分测定的观测站需测定土壤水文物理特性(包括土壤容重、田间持水量和凋萎湿度等)，测定值需经盟(市)气象局业务科组织数据应用部门审定、批准方可使用。

2)作物观测：在相对固定的观测地段进行系统的观测，观测作物的发育期进程、生长状况(包括生长高度的测量、植株密度测定、生长状况评定、有关产量因素测定和大田生育状况观测、调查等)、产量结构分析；记载观测地段上实际进行的栽培管理项目、起止日期、方法和工具数量、质量和效果等主要田间工作；在农业生产的关键季节、作物发育的关键时期和气象灾害、病虫害发生时开展较大范围的农业气象调查；进行作物生育期间农业气象条件鉴定。

3)牧业气象观测：在固定的观测地段适时观测牧草的发育期进程、牧草生长状况(包括牧草高度、草层高度、再生草草层高度、草层状况评价及牧草覆盖度等)；灌木、半灌木的覆盖度和密度测定等；产量(包括分种产量、多年生或一年生草类产量、再生草产量、采食率等)的形成；放牧场家畜采食状况的观测、放牧家畜膘情和牧事活动观测与调查、畜牧灾害观测与调查(包括牧草、家畜)和天气、气候影响评述。

4)自然物候观测：对自然环境中植物、动物生命活动的季节现象和在一年中特定时间出现的某些气象、水文现象适时进行观察和记录，进行物候分析。

(2)观测及数据传输要求

1)按照要求逐项认真记录观测簿、表栏目及值班日志，观测簿要随身携带边观测边记录。

2)农业气象测报业务系统(AgMODOS)软件及时更新，参数设置、电子观测簿建立正确，业务计算机安装杀毒软件并及时更新。

3)观测记录及时录入农业气象测报业务系统进行上传，并检查区局气象信息中心服务器上是否收到数据。

4)按照规定在年度观测结束(作物收获)后三个月内,上传作物生育状况观测记录年报表(农气表-1);在年度观测结束后一个月内上传自然物候观测记录年报表(农气表-3)、畜牧气象观测记录年报表(农气表-4)和土壤水分状况观测记录年报表(农气表-2),通过农业气象测报软件生成电子农业气象观测记录年报表(C 文件)上传到区局气象信息中心,同时报送各类农业气象观测簿;每年 4 月 30 日前对上一年度农业气象观测资料进行校对和审核,编制并上传区局气象信息中心年度数据文件(Z 文件)。

(3)数据考核改进

根据观测与网络处质量考核办法,区局气象信息中心、盟(市)气象局定期对本辖区农业气象观测业务质量进行分析、评估、通报。台站根据通报分析查找工作中存在的问题及原因,按照《质量改进控制程序》执行。

4.24.4　过程绩效监视与考核

目标名称	计算公式或方法	目标值	考核频次	监控部门
资料的错情率	(错情个数/年内观测总基数)×1000‰	≤2.0‰	每年	观测与网络处、区局气象信息中心
传输及时率	(实到观测数据个数/应到观测数据个数)×100%	≥98%	每年	观测与网络处、区局气象信息中心

4.25　高空气象观测数据采集作业指导书

4.25.1　目的

规范高空气象观测作业流程,保证高空气象观测资料的准确性、及时性、比较性。

4.25.2　范围

适用于内蒙古自治区气象局所辖范围内所有国家高空气象观测站的观测业务。

4.25.3　工作程序

(1)观测前准备

1)检查氢气储量是否满足要求,必要时采用备用氢气。制氢作业严格执行中国气象局发布的《气象业务氢气作业安全技术规范》《高空气象观测站制氢用氢设施建设技术规定》《高空气象观测业务涉氢文件修订合编》等规章制度,执行《制氢作业指导书》。

2)气象气球准备。严格按照《高空气象观测站制氢和用氢管理办法》制定的用氢安全相关要求充灌气球,气象气球升速应符合高空气象观测系统的要求。综合观测平均升速应控制在 400 米/分钟左右。

3)准备需要施放的探空仪,新开箱的仪器及时录入探空仪参数。

4)检查供电电源、计算机的工作状态是否正常,校对计算机时间,打开放球软件。检查 L 波段探空雷达的工作状态是否正常,参数是否正常。

5)调入探空仪参数,确定探空仪序列号,校对探空仪参数。调整接收机频率,使信号接收达到最佳状态。

6)基值测定。合格标准:$-0.3℃\leqslant\triangle T\leqslant+0.3℃$,$-2.0$ 百帕$\leqslant\triangle p\leqslant2.0$ 百帕,$-4\%\leqslant\triangle U\leqslant4\%$。

7)浸泡电池，装配仪器，根据地面风向选择合适的放球场地。为避免探空仪实测数据与施放瞬间标准仪表数据间出现较大差值，应将待施放的探空仪放置在避免阳光直射的环境中。

8)将L波段探空雷达天线对准探空仪，调整接收机频率至信号最佳。

9)放球前、后5分钟内，输入瞬间数据并根据实际情况更改放球点参数。

(2)观测

1)按照《常规高空气象观测业务规范》2.6节的有关要求在规定时间内及时放球。

2)气球释放后，观察雷达天线是否自动跟踪气球，若发现雷达天线跟踪不正确，放球人员立即指挥值班员手动抓球；值班员确定雷达天线对准气球后，天控开关转为“自动”，使雷达自动跟踪。根据《常规高空气象观测业务规范》9.9节的规定处理未能正常跟踪部分的记录。

3)数据接收过程中按照《全区高空气象观测实时质量控制工作日志》相关要求及时对不正常的探空、测风数据进行质量控制。对于特殊记录应根据《常规高空气象观测业务规范》的第八章、第九章和《常规高空气象观测业务手册》第七章相关要求处理。

4)认真整理、校对本次观测记录，对发现的问题及时处理。按照《数据传输控制程序》要求及时编发上传各类数据文件、状态文件和其他需要上传的资料，并做好原始文件的远程备份和本地备份。

5)值班前如遇L波段探空雷达故障不能正常观测的，值班员应立即通知机务人员维修。如不能及时修复，应根据需要启用备份接收机接收探空信号，经纬仪观测测风数据然后输入数据处理软件进行统一处理。值班过程中出现故障则根据有效记录情况，按照《常规高空气象观测业务规范》9.9节的相关规定处理记录。

6)台站不能及时修复的L波段探空雷达故障，值班员应按照《气象观测装备维修控制程序》有关要求及时在ASOM平台填报故障单，由大气探测技术保障中心指派技术人员或协调厂家技术人员维修，值班人员应根据故障排除进程及时按要求更新故障单状态。

7)如遇值班计算机故障应及时用备份机代替。备份机平时应做好维护，各种参数设置和软件升级要与现用机同步更新。

(3)值班日记和维护信息填报

1)值班过程中及时填写《高空气象探测系统值班工作日志》和《全区高空气象观测实时质量控制工作日志》，对本班出现的特殊记录处理要做好备注说明。

2)按《气象观测装备运行监控台站级作业指导书》要求开展装备运行监控。

(4)加密观测

全区12个国家高空气象观测站除00、12时(世界协调时)定时常规观测外，根据需要开展的高空气象观测活动，按照《全区加密高空气象探测管理办法(试行)》执行。

(5)月报表处理上报

1)每月初3个工作日内向大气探测技术保障中心供应站上报《探空器材质量问题登记表》和《高空观测系统仪器装备运行状况统计信息》。当出现不合格探空仪和气象气球时，高空气象观测站应在2个月内将不合格探空仪返厂更换。

2)每月4日09时前编发气候月报。

3)每月10日前向上级业务主管部门上报《全区高空气象观测业务质量统计表》，按照《全区高空气象观测业务质量考核实施细则(试行)》的规定统计上报。

4)每月10日前向区局气象信息中心上报高空压温湿记录月报表(MS文件)、高空风记录月报表(MW 文件)、质量控制后的高空气象信息资料模式文件(G 文件)、原始 S 文件(datbak 文件夹内)、质量控制后 S 文件(dat 文件夹内)、标准测风文件月总汇、标准探空资料文件月总汇、高空观测资料预审单、台站月值班日记(数据处理软件形成)。

(6)数据考核改进

根据观测与网络处《全区高空气象观测业务质量考核实施细则(试行)》,区局气象信息中心、大气探测技术保障中心、盟(市)气象局定期对本辖区高空气象观测业务质量进行分析、评估、通报。台站按照《质量改进控制程序》执行。

4.25.4　过程绩效监视与考核

目标名称	计算公式或方法	目标值	考核频次	监视部门
观测质量	(0.3×稳定运行率+0.2×到报率+0.5×观测数据质量)×100%	≥98%	每月	观测与网络处、盟(市)气象局

4.26　中心站作业指导书

4.26.1　目的

为了确保通过中心站生成的各类气象观测数据的正常采集、分发,保证各中心站维护的及时性、规范性及运行稳定性,特制定本作业指导书。

4.26.2　范围

适用于统一区域中心站、土壤水分中心站、雷电观测中心站、GNSS/MET 气象观测数据中心站的自治区级气象观测数据采集及系统维护。

4.26.3　术语

升级气象观测站:气象观测站的设备型号或采集要素发生变化时,区局气象信息中心工作人员修改相应中心站气象观测站配置参数。

4.26.4　工作程序

(1)数据采集

中心站通过 GPRS 接收采集器上传的气象观测数据,将接收的气象观测数据进行本地入库,同时生成气象观测数据文件,上传至区局气象信息中心气象通信系统。各中心站采集的资料类型详见表 4.2。

表 4.2　中心站采集资料类型表

中心站	资料类型
统一区域中心站	自治区级气象观测站数据
	国家气象观测站数据
	应用气象观测站(交通)数据
土壤水分中心站	土壤水分观测数据
雷电观测中心站	雷电气象观测数据
GNSS/MET 气象观测数据中心站	GNSS/MET 气象观测数据

(2)业务变更

根据《内蒙古自治区地面自动气象观测站运行管理办法(试行)》的要求，旗(县)气象局新建、迁建和升级气象观测站完成建设后，由盟(市)气象局向区局气象信息中心、大气探测技术保障中心申请加入自治区中心站试运行，达到考核标准要求的气象观测站，经观测与网络处批复后方可入网，纳入业务运行和管理。未获入网业务运行批准的不得在业务中使用。

1)气象观测站建站流程

a. 当新建气象观测站为地面自动气象观测站时，根据《内蒙古自治区地面自动气象观测站运行管理办法(试行)》的要求，盟(市)气象局向区局气象信息中心提出地面自动气象观测站建站申请，其他气象观测站由观测与网络处下达关于建站业务变更文件；

b. 中心站管理人员登录相应中心站网页或软件；

c. 根据业务变更时间要求，先在中心站上新建气象观测站的基本信息，等待气象观测站人员到指定地点新建气象观测站，并与区局气象信息中心工作人员沟通，查看气象观测数据是否正常接收，其中地面自动气象观测站不能直接入网纳入业务运行和管理，需观测与网络处批复后方可入网，纳入业务运行和管理；

d. 将气象观测站建站信息登记到《中心站软件站网信息变更汇总登记表》。

2)气象观测站基础信息变更流程

a. 区局气象信息中心接到观测与网络处下达的关于气象观测站的基础信息业务变更通知；

b. 中心站管理人员登录相应中心站网页或软件；

c. 根据业务变更时间要求，修改气象观测站信息；

d. 将气象观测站变更信息登记到《中心站软件站网信息变更汇总登记表》。

3)气象观测站升级流程

a. 当气象观测站为地面自动气象观测站时，根据《内蒙古自治区地面自动气象观测站运行管理办法(试行)》的要求，盟(市)气象局向区局气象信息中心提出地面自动气象观测站升级申请，其他气象观测站由观测与网络处下达关于升级业务变更文件；

b. 中心站管理人员登录相应中心站网页或软件；

c. 根据业务变更时间要求，修改气象观测站信息，观察气象观测数据是否正常接收，其中地面自动气象观测站不能直接入网纳入业务运行和管理，需观测与网络处批复后方可入网，纳入业务运行和管理；

d. 将升级信息登记到《中心站软件站网信息变更汇总登记表》。

4)气象观测站迁站流程

a. 当气象观测站为地面自动气象观测站时，根据《内蒙古自治区地面自动气象观测站运行管理办法(试行)》的要求，盟(市)气象局向区局气象信息中心提出地面自动气象观测站迁站申请，其他气象观测站由观测与网络处下达关于迁站业务变更文件；

b. 中心站管理人员登录相应中心站网页或软件；

c. 根据业务变更时间要求，修改气象观测站信息，观察气象观测数据是否正常接收，其中地面自动气象观测站不能直接入网纳入业务运行和管理，需观测与网络处批复后方可入网，纳入业务运行和管理；

d. 将迁站信息登记到《中心站软件站网信息变更汇总登记表》。

5)气象观测站撤销流程

a. 区局气象信息中心接到观测与网络处下达的关于撤销气象观测站的业务变更文件；

b. 中心站管理人员登录相应中心站网页或软件；

c. 根据业务变更时间要求，删除气象观测站信息；

d. 将撤销气象观测站的信息登记到《中心站软件站网信息变更汇总登记表》。

(3)日常维护流程

各类中心站日常维护是保证气象观测数据正常传输、中心站软件和服务器正常运行的关键；

当中心站出现大面积缺报时，通过程序或软件对采集器发送命令，将气象观测数据从采集器中补收到中心站，之后生成气象观测数据文件，上传至区局气象信息中心气象通信系统。对于无法及时补传数据的原因，填写《系统管理科故障报告》；

区局气象信息中心工作人员定期登录各中心站服务器，通过查看软件运行状态和相应系统日志，确认软件是否正常运行，并将巡检记录登记到《服务器定时巡查表》；

当中心站服务器无法启动时，启用备份服务器或者使用快照进行恢复。统一区域中心站和土壤水分中心站均配备有备份服务器，当主服务器无法启动时，需要启用备份服务器恢复业务正常运行，当主服务器恢复正常后，将业务切换到主服务器上运行；雷电观测中心站和 GNSS/MET 气象观测数据中心站在虚拟资源池中运行，且无备份服务器，区局气象信息中心工作人员定时将这些服务器进行快照，当出现服务器无法启动时，使用快照进行恢复。

4.27　数据传输及监控作业指导书

4.27.1　目的

为了有效提升气象观测数据传输质量，明确运行监控人员的职责、内容和工作程序，提高业务系统运行稳定性、值班员的故障处理能力，特制定本作业指导书。

4.27.2　范围

适用于气象观测数据传输及监控流程，包括气象观测数据运行监控、故障处理、日常运行维护。

4.27.3　工作程序

(1)气象观测数据的收集、处理、分发

区局气象信息中心按照气象观测数据考核要求，通过气象通信系统(简称“CTS 系统”)及时收集盟(市)、气象观测站、气象台站采集上传的各类气象观测数据，收集的气象观测数据分发前，根据要求进行相关的业务处理，主要包括文件名称检查、文件打包处理、文件解压缩处理、文件拆分处理、文件格式的检查和快速质量控制等处理。

不同类型的数据传输方式不相同，目前的传输方式包括：通过地面链路实现的 FTP 文件传输、消息传输、流传输；通过互联网链路实现的 FTP 文件传输；通过北斗卫星实现的北斗卫星备份传输。

通过 FTP 文件传输的气象观测数据类型、自治区级气象通信系统接入目录、处理方法及国家气象信息中心气象通信系统接入目录基本一致(表 4.3)。

表 4.3 资料接收目录及处理方法表

资料类型	自治区接入目录	处理方法	国家气象信息中心接入目录
高空观测资料(探空/测风)	msg	收集合并、文件名检查、格式检查	msg
高空观测资料(BUFR 格式 500/100 百帕/全部)	upar_temp	文件名检查、格式检查	upar_temp
区域站数据	awsreg	收集合并、文件名检查、格式检查	aws
质量控制后区域站数据	aws_pqc	文件名检查、格式检查	aws_pqc
国家气象观测站(无人站)数据	aws1	文件名检查、格式检查	aws1
质量控制后国家气象观测站(无人站)数据	aws_pqc	文件名检查、格式检查	aws_pqc
应用气象观测站(交通)数据	awsreg	收集合并、文件名检查、格式检查	aws_rd
GNSS/MET 观测数据	gps	文件名检查、格式检查	gps
土壤水分观测数据	agm	收集合并、文件名检查、格式检查	agm
大气成分观测数据	cawn	文件名检查、格式检查	cawn
紫外线观测数据	qbzq	收集换名、文件名检查、格式检查	qbzq
天气雷达基数据	rad	文件名检查、雷达格式转换、文件名检查、格式检查	radr3
天气雷达 PUP 产品	radr	文件名检查、格式检查	radr3

根据标准化业务运行方案规定,地面、辐射、酸雨、雷达基数据已实现通过消息传输、流传输方式传输标准格式数据,具体资料类型和处理方法详见表 4.4。

表 4.4 资料类型和处理方法表

传输方式	资料类型	处理方法
消息传输	国家地面小时观测数据(BUFR 格式)	格式检查、快速质量控制
	国家地面分钟观测数据(BUFR 格式)	格式检查、快速质量控制
	地面运行状态和设备数据	格式检查
	气象辐射小时观测数据(BUFR 格式)	格式检查、快速质量控制
	气象辐射分钟观测数据(BUFR 格式)	格式检查、快速质量控制
	酸雨观测数据(BUFR 格式)	格式检查、快速质量控制
流传输	新一代天气雷达标准格式基数据	格式检查、雷达格式转换

(2)运行监控

1)运行监控工作内容

区局气象信息中心运行监控值班人员依托监控系统对全区地面气象资料、高空气象资料、气象辐射资料、农业气象与生态气象资料、大气成分资料、气象雷达资料等气象观测数据的传输情况进行实时监控,同时对系统运行、网络运行等情况进行实时监控,并根据实际情况记录《运行监控故障记录登记表》《运行监控值班记录表》《运行监控巡视记录表》。

运行监控日常值班实行 7×24 小时值班制度。

2)运行监控值班流程

a. 交接班:按时完成交接班,交接班过程中如果前一班次发生的故障还未处理完毕,双方应配合解决;

b. 业务系统巡视:每个班次完成交接班工作后,按照《运行监控值班记录表》巡视各业务系统和监控系统,检查系统是否运行正常,如有告警信息,及时处理,由区局气象信息中心做好记录;

c. 机房巡视:每天 09 时完成资料传输监视任务后到机房、配电室、UPS 室巡视,15 时和 19 时完成资料传输任务后到机房、配电室巡视,并做好记录;

d. 实时监控:根据气象观测数据传输频次及考核要求,依托现有监控系统实时监控数据传输、入库情况,如有异常,及时处理并做好记录。实时监控各业务系统、业务网络、机房动力及环境等运行情况,如有异常告警,及时通知相关维护人员进行维护并做好记录。

(3)故障处理

1)运行监控值班人员在值班过程中发现数据传输异常或系统异常,根据实际情况判断故障类型及故障点;

2)如某气象观测站数据未正常上传,及时通过"天镜"内蒙古微信企业号/打电话方式告知气象观测站业务人员,指导、督促气象观测站上报故障原因;

3)如某盟(市)全部气象观测站气象观测数据未正常上传,初步判断为盟(市)网络设备或链路故障,应及时告知盟(市)气象局管理人员,指导、督促盟(市)气象局尽快解决故障并上报故障原因,如果为网络故障,通知气象观测站通过互联网、北斗卫星等备份链路方式及时发送数据;

4)如全部气象观测数据未接收,初步判断为自治区级系统或网络故障,确定为系统故障时,排查故障原因,如短时间内无法恢复正常,按照 CTS 系统应急演练方案完成 CTS 主、备系统切换。确定为网络故障时,排查故障原因并及时解决,并通知各气象观测站通过互联网、北斗卫星等备份链路方式及时发送数据;

5)如全部气象观测数据有收无发,初步判断为自治区级到国家气象信息中心网络故障或国家气象信息中心系统故障。确定为国家气象信息中心系统故障的,待业务恢复正常后做好数据补传工作;确定为自治区级到国家气象信息中心网络链路故障,及时联系运营商解决故障,采用互联网或卫星备份链路方式发送数据。如在规定时间内无法排除故障或故障级别超出本级职责时,及时上报主管领导,启动相应应急响应;

6)因自治区级及以上系统或网络故障产生了影响业务的故障,解决故障后值班人员根据排查和解决情况填写《运行监控故障分析报告》。

(4)日常运行维护

1)系统巡检

系统维护人员定期对 CTS 集群系统进行巡检,主要对集群健康状况、文件系统状况、系统日志进行检查;

重大活动气象保障任务和节假日、汛期前除巡检系统外需依次重启集群系统服务器,并按照上级要求完成 CTS 系统、全区宽带网应急演练。

2)业务变更

a. 业务变更审核:接到上级管理部门下达的业务变更任务时,系统维护人员认真审核实施方案,评估业务变更可能产生的影响,确认无误后按照实施方案进行操作;

b. 传输资料类型、站点变更:如有传输资料类型、气象观测站信息变更时,首先登录 MCP 监控系统配置资料传输监控信息,然后登录 CTS 系统按照业务规定完成资料的收集、处理、分发配置,具体操作见《新增资料接入操作指南 1.0》,并配合完成资料传输及监控测试工作;

c. 系统升级:按照上级管理部门下发的系统升级方案完成传输相关系统升级工作,并做好记录。

4.28 数据质量控制作业指导书

4.28.1 目的

规范全区气象观测数据质量控制管理的业务流程,确保观测数据及时、准确,保障数据质量。

4.28.2 范围

适用于观测数据质量控制过程,以及观测数据质量控制相关管理。

4.28.3 术语

(1)疑误数据

指气象观测资料中的各类错误、疑似错误和缺测等存在疑问的非正确气象数据。

(2)质量控制码

用于标识气象观测资料中气象数据质量控制后状态的标识码,详见表 4.5。

表 4.5 质量控制码

质量控制码	描述	含义
0	数据正确	通过质量控制,确认数据正确
1	数据可疑	通过质量控制,发现数据异常,且未明确数据正确或是错误
2	数据错误	通过质量控制,确认数据错误
3	数据为订正值	原数据明显偏离真值,但在一定范围内可参照使用。在原数据基础上通过偏差订正等方式重新获取的更正数据
4	数据为修改值	原数据因错误或缺测而完全不可用,通过内插等方式重新获取的更正数据
5	预留	
6	预留	
7	无观测任务	按规定,台站无相应要素数据观测任务
8	数据缺测	该项数据应观测,但因各种原因数据缺测
9	数据未做质量控制	该数据未进行质量控制

(3)质量控制

1)指通过自动及人工等方式,对气象观测数据中发现的各类疑误信息进行判别、核对、修改、确认等操作,使用质量控制码对质量控制后的数据进行标识,以保证气象数据质量达到气象业务使用标准的过程。

2)MDOS 气象资料业务系统依据《气象资料业务系统(MDOS)省级地面气象资料质量控制技术规程》《内蒙古自治区气象信息中心 MDOS 业务管理规定》对自动站实时数据进行全面质量控制,MDOS 平台每小时自动对数据进行一次实时的数据质量控制。

4.28.4 工作程序

(1)MDOS 数据质量控制

负责对接入 MDOS 的各类观测数据进行实时质量控制。

1)自治区级数据处理人员在每周按行政值班时间值班,每小时处理一次平台疑误信息;

2)如果 MDOS 平台判断数据正确,与快速质量控制判别结果一致,则数据及质量控制码在 MDOS 系统和 CIMISS 数据库存储;

3)如果 MDOS 平台判断数据存在疑误,数据处理人员对疑误数据进行判断,缺测信息由数据宝自动推送并提醒台站补发更正报,如果仍未修改,自治区级值班员需打电话和台站值班员沟通缺测原因并督促补发,其他能判断数据对错的由自治区级值班员审核并更正;

4)如果自治区级数据处理人员无法判定数据的对错,需要打电话向台站值班员咨询,由自治区级值班员审核并更正;

5)自治区级数据处理人员对台站修正的疑误数据结果持有异议,则与台站平台值班人员协商解决,必要时向业务管理部门汇报;

6)对于用户后期使用数据时发现的疑误数据,自治区级数据处理人员进行质量控制以判断数据正确与否后通过消息同步至 CIMISS 数据库。

(2)报表审核

1)地面资料审核

负责全区各地面气象观测站地面月、年报表文件的质量控制。详见《报表审核作业指导书》中有关地面部分。

2)高空报表审核

负责全区各高空气象观测站高空月报表文件的质量控制。详见《报表审核作业指导书》中有关高空部分。

3)农业气象报表审核

负责全区各农业气象观测站各类农业气象观测资料报表的质量控制。详见《报表审核作业指导书》中有关农业气象部分。

4)辐射报表审核

负责全区各辐射气象观测站辐射月报表文件的质量控制。详见《报表审核作业指导书》中有关辐射部分。

5)酸雨报表审核

负责全区各酸雨气象观测站酸雨月报表文件的质量控制。详见《报表审核作业指导书》中有关酸雨部分。

4.28.5 过程绩效监视与考核

目标名称	计算公式或方法	目标值	考核频次	监视部门
数据可用率	可用数据/总数据×100%	98%	每月、年	观测与网络处

4.29　报表审核作业指导书

4.29.1　目的

规范内蒙古自治区地面、高空、辐射、农业气象等各类气象观测资料报表制作和审核等业务流程，保障气象报表文件质量。

4.29.2　范围

适用于气象观测资料报表制作、审核、上报、返站等过程。

4.29.3　术语

(1)报表制作

指根据各类气象要素观测规范，在月初制作该类气象资料上月月报表，在每年年初制作前一年年报表。

(2)报表审核

指报表审核人员人工或使用报表审核软件对月报表以及年报表进行质量审核，以保障各类气象观测资料报表的质量。

4.29.4　工作程序

(1)地面国家气象站报表审核

1)月报表

a. 台站每月 2 日 20 时前完成气候概况填写，当台站的基本信息、站网信息、观测信息、要素信息、仪器设备发生变动，或需登记备注、纪要信息时，应在 24 小时之内登录 MDOS 操作平台登记该类信息；

b. 区局气象信息中心审核员利用 MDOS 系统生成 A/J 文件，采用人工和质量控制软件对报表进行质量控制，及时下发错情信息，错误和疑误数据等给相关台站；

c. 台站收到信息中心审核员下发的错误、疑误信息后，必须及时响应；

d. 所有错误、疑误数据修改完成后，区局气象信息中心审核员利用 MDOS 系统重新生成 A/J 文件；

e. 每月 5 日前(逢节假日顺延)区局气象信息中心完成报表审核工作，并上报国家气象信息中心；

f. 自治区级审核员每月整理相关错误信息并填写《月报表数据错情记录表》。

2)年报表

a. 区局气象信息中心审核员采用人工和质量控制软件对 MDOS 生成的报表进行质量控制，及时下发错情信息、错误数据等给相关台站，如数据确实错误，台站通过更正报或告知审核员的方式进行相关数据修正，并更正相应月报表，重新生成年报；

b. 区局气象信息中心每年 3 月底前完成年报表审核并报国家气象信息中心。

(2)辐射报表审核

1)区局气象信息中心审核员每月 5 日前通过 MDOS 制作上月 R 文件，采用人工和报表质量控制软件对报表数据进行质量控制，及时下发错情信息、错误数据等给相关台站；

2)台站根据提出的疑误信息发送更正报并填写备注，或由区局气象信息中心在 MDOS 中修改相关数据，由自治区级重新生成 R 文件；

3)区局气象信息中心审核无误后按时上报国家气象信息中心。

(3)高空报表审核

1)台站月初制作 G、M 文件,并预审后上报区局气象信息中心;

2)区局气象信息中心审核员采用人工和数据质量控制软件对报表数据进行质量控制,及时下发疑误信息等给相关台站;

3)台站核实、修改区局气象信息中心审核员下发的疑误信息,重新生成 G、M 文件,预审后上报;

4)经区局气象信息中心审核无误后按时上报国家气象信息中心。

(4)农业气象报表审核

1)台站定期制作作物生育状况观测记录年报表、土壤水分状况观测记录年报表(人工观测:作物地段,固定地段)、自然物候观测记录年报表,并将 C 文件上报区局气象信息中心;

2)区局气象信息中心审核员采用人工和报表质量控制软件对报表数据进行质量控制,及时下发错情信息、错误数据等给有关台站;

3)台站核实、修改区局气象信息中心审核员下发的疑误信息后,重新生成 C 文件,并上报区局气象信息中心;

4)区局气象信息中心审核员全部审核完成后,由农业气象观测年报表审核系统进行报表转换合成 N 文件(农业气象记录年报表数据文件)并按时上报国家气象信息中心。

(5)酸雨报表审核

区局气象信息中心负责每月月初制作酸雨报表,经审核员审核后,在每月 5 日之前上报国家气象信息中心。

4.29.5　过程绩效监视与考核

目标名称	计算公式或方法	目标值	考核频次	监视部门
报表制作及时率	实际按时完成报表数/应该制作的报表数×100%	100%	每月、年	观测与网络处

附录:相关文件

序号	文件名/对应文号
1	《关于印发自动土壤水分观测规范(试行)的通知》(气测函〔2010〕170号)
2	《内蒙古自治区气象局办公室关于进一步加强重大突发事件报告和应急管理工作的通知》(内气办发〔2016〕21号)
3	《综合观测司关于印发〈新一代天气雷达系统出厂和现场验收测试大纲〉的通知》(气测函〔2018〕70号)
4	《CIMISS简约流程维护手册(省级)》
5	《CTS日常运维和故障处理培训》
6	《DNQ1能见度仪系统使用说明书》
7	《DNQ2能见度仪使用说明书》(安徽蓝盾光电子有限公司)
8	《DNQ3(CJY-1G)前向散射能见度仪用户使用维护说明书》(凯迈(洛阳)环测有限公司)
9	《DSC2型称重式降水传感器用户手册》
10	《DSC3称重式降水传感器用户手册》(2014-08-27新结构一最终)
11	《DZN-1自动土壤水分观测仪说明书》
12	《DZZ4型自动气象站维修手册》(气象出版社)
13	《DZZ5型自动气象站维修手册》(气象出版社)
14	《GPS/MET数据传输规范(试行)》(气发〔2008〕367号)
15	《MUSIC维护和管理》
16	《WUSH-8118(9118)使用手册》
17	《常规高空气象观测业务规范(2010版)》(气测函〔2010〕127号)
18	《常规高空气象观测业务手册》(气象出版社)
19	《大气成分观测业务规范(试行)》(气测函〔2012〕61号)
20	《大气成分观测业务规章制度(试行)》(气测函〔2012〕259号)
21	《大气成分观测业务技术手册(气溶胶观测分册)》(气象出版社)
22	《大气成分观测业务技术手册》(气测函〔2013〕314号)
23	《大气成分观测业务运行管理暂行规定》(气测函〔2015〕215号)
24	《大气负离子浓度自动观测系统建设指南》(气测函〔2015〕180号)
25	《地面高空气象观测业务综合质量考核办法(试行)》(气测函〔2014〕201号)
26	《地面基准辐射站建设指南》(GB/T 35220—2017)
27	《地面气象观测场(室)防雷技术规范》(GB/T 31162—2014)

续表

序号	文件名/对应文号
28	《地面气象观测场规范化图册》(气测函〔2014〕74 号)
29	《地面气象观测场值班室建设规范》(气发〔2008〕491 号)
30	《地面气象观测规范》
31	《地面气象观测业务技术规定(2016 版)》(气测函〔2016〕13 号)
32	《地面气象观测质量考核办法(2016 年修订版)》(内气测函〔2016〕14 号)
33	《地面气象技术保障业务技术指南》
34	《地面气象应急加密观测管理办法》(气测函〔2012〕26 号)
35	《地面气象自动观测规范(第一版)》
36	《地面自动化观测业务运行暂行规定》(内气测函〔2020〕35 号)
37	《地面综合观测业务软件用户操作手册》
38	《电力气象观测站网建设指南(试行)》(气测函〔2011〕212 号)
39	《服务器定时巡查表》
40	《辐射观测规范》
41	《高空风探测报告编码规范》(QX/T 120—2010)
42	《高空气象观测业务涉氢文件修订合编》(气测函〔2017〕21 号附件)
43	《高空气象观测站制氢用氢设施建设要求》(气测函〔2016〕152 号)
44	《高空气象探测系统建设指南》(气测函〔2004〕68 号)
45	《高空气象探测业务规章制度(2008 版)》(气测函〔2008〕145 号附件)
46	《高空全月观测数据 G 文件归档格 2013 版》
47	《高空压、温、湿、风探测报告编码规范》(QX/T 121—2010)
48	《公路交通气象观测站网建设暂行技术要求》(交公路发〔2012〕747 号)
49	《关于规范综合气象观测运行监控系统(ASOM2.0)维护维修表单填报工作的通知》(观测处便函〔2016〕)
50	《关于加强中央预算内投资项目日常监管工作的通知》(内气发〔2018〕67 号)
51	《关于进一步加强应急响应期间工作的紧急通知》(内气办发〔2018〕37 号)
52	《关于进一步做好气象资料共享服务工作的通知》(内气测函〔2010〕92 号)
53	《关于农业气象观测站网和观测任务调整实施方案的复函》的通知(内气发〔2009〕137 号)
54	《关于切实加强高空气象观测业务重大问题上报制度的通知》(内气测函〔2012〕4 号)
55	《关于实时—历史地面气象资料一体化业务正式运行的通知》(气预函〔2015〕45 号文)
56	《关于使用招标文件范本(软件开发类运维、系统集成、服务类)的函》(中国气象局政府采购中心 2014 年便函)
57	《关于统一农业气象测报业务系统与农业气象观测规范相关技术规定的函的通知》(内气测函〔2011〕9 号)
58	《关于推进气象部门政府购买服务工作的通知》(气发〔2016〕7 号)
59	《关于下发〈高空气象观测站制氢用氢管理办法〉的函》(气测函〔2011〕103 号)
60	《关于下发〈高空气象探测业务规章制度〉的通知》(气测函〔2008〕145 号)
61	《关于下发〈新一代天气雷达系统巡检规定(试行)〉的通知》(气测函〔2009〕153 号)
62	《关于下发高空气象观测站制氢用氢管理办法的函》(气测函〔2011〕103 号)

续表

序号	文件名/对应文号
63	《关于下发农业气象测报业务系统软件及农业气象观测站上传数据文件内容与传输规范(试行)》的通知(内气测函〔2009〕89号)
64	《关于下发山洪工程档案归档工作移交方案和技术方案的函》(内气测函〔2017〕59号)
65	《关于下发新一代天气雷达备件三级清单的函》(气探函〔2011〕122号)
66	《关于新一代天气雷达国家级备件更换及省级备件维修的函》(气探函〔2011〕119号)
67	《关于印发〈新建扩建改建建设工程避免危害气象探测环境行政许可管理办法〉和〈气象台站迁建行政许可管理办法〉的服务指南和工作细则的通知》(气测函〔2016〕132号)
68	《关于印发〈常规高空气象观测业务规范〉和〈高空气象观测业务质量考核办法〉的通知》(气测函〔2010〕127号)
69	《关于印发〈气象探测环境变化月报告办法(试行)〉的通知》(气发〔2008〕373号)
70	《关于印发〈全国新一代天气雷达业务检查工作规定(试行)〉和〈全国新一代天气雷达业务考评办法(试行)〉的通知》(气发〔2005〕185号)
71	《关于印发〈全区加密高空气象探测管理办法(试行)〉的通知》(内气发〔2009〕111号)
72	《关于印发雷电观测相关业务规定的通知》(气测函〔2012〕145号)
73	《关于印发内蒙古自治区气象部门国有资产使用和处置管理两个暂行办法的通知》(气发〔2010〕89号)
74	《关于印发农业气象测报软件应用质量考核办法(试行)的通知》(中气候发〔2010〕117号)
75	《关于印发气象部门2019年部门集中采购目录的通知》(气办发〔2019〕1号)
76	《关于印发气象观测业务质量综合考核特殊情况处置办法实施细则的通知》(内气测函〔2018〕20号)
77	《关于印发气象观测专用技术装备使用处置管理办法的函》(气测函〔2017〕39号)
78	《关于印发气象装备技术保障手册——新一代天气雷达CINRAD/CB型的通知》(气测函〔2011〕192号)
79	《关于印发区域气象观测站建设指导意见的函》(气测函〔2009〕248号)
80	《关于印发新一代天气雷达观测和维护记录表簿的通知》(气测函〔2011〕224号)
81	《关于印发执行高空气象探测系统台站建设若干要求的通知》(气测函〔2004〕68号)
82	《关于印发综合气象观测系统运行监控业务信息发布办法的函》(气测函〔2011〕162号)
83	《关于印发组网天气雷达数据流传输业务化方案的通知》(气测函〔2018〕99号)
84	《关于做好四项强标备案及气象探测环境保护有关工作的通知》(气测函〔2015〕19号)
85	《观测设备标定与定标控制程序》
86	《观测司 减灾司关于加强自动土壤水分技术装备保障和资料应用工作的通知》(气测函〔2013〕303号)
87	《观测司 预报司关于印发大气成分观测业务运行管理暂行规定的通知》(气测函〔2015〕215号)
88	《观测司关于加强自动土壤水分观测站迁站管理工作的函》(气测函〔2015〕24号)
89	《观测司关于印发〈农业气象观测站上传数据文件内容与传输规范〉和编制上传年度数据文件的函》(气测函〔2017〕113号)
90	《观测司关于印发〈高空气象观测站制氢用氢设施建设要求〉的通知》(气测函〔2016〕152号)
91	《观测司关于印发〈新一代天气雷达定标业务规范(试行)〉的通知》(气测函〔2016〕80号)
92	《观测司关于印发〈新一代天气雷达系统出厂和现场验收测试大纲〉的通知》(气测函〔2018〕70号)
93	《观测司关于印发大气成分观测业务技术手册的通知》(气测函〔2013〕314号)

续表

序号	文件名/对应文号
94	《观测司关于印发地面气象观测场规范化建设图册的函》(气测函〔2014〕74 号)
95	《观测司关于印发气象观测专用技术装备测试方法 天气雷达(试行)的通知》(气测函〔2016〕156 号)
96	《观测司关于印发气象观测装备维修业务管理办法(试行)的函》(气测函〔2014〕160 号)
97	《观测司关于印发气象计量业务管理办法》(气测函〔2017〕196 号)
98	《观测司关于印发新型自动气象站维护规范(试行)等有关规范的函》(气测函〔2015〕165 号)
99	《观测司关于印发新增国家地面天气站建设及升级改造技术要求(2017 年版)的函》(气测函〔2017〕134 号)
100	《观测司关于印发综合气象观测系统仪器装备运行状况通报办法的函》(气测函〔2015〕73 号)
101	《国家地面气象观测站无人值守工作管理暂行规定》(气测函〔2017〕72 号)
102	《国家级地面气象观测站和高空气象观测站探测环境调查评估方法》(气测函〔2013〕258 号)
103	《国家级地面气象应急观测实施细则》(内气测函〔2020〕36 号)
104	《国家级无人值守自动气象站业务运行管理办法》(气测函〔2010〕275 号)
105	《华云尚通本地维护管理软件用户手册》
106	《计量标准考核规范》
107	《加密高空气象探测管理办法》(气办发〔2009〕37 号)
108	《雷电观测业务规范(试行稿)》(气测函〔2012〕145 号)
109	《雷电观测业务规章制度(试行稿)》(气测函〔2012〕145 号)
110	《内蒙古气象技术装备保障手册》(内蒙古自治区气象局)
111	《内蒙古气象技术装备供应管理办法》
112	《内蒙古气象技术装备入出库管理办法》
113	《内蒙古气象局关于全区地面气象观测自动化正式业务运行的通知》(内气函〔2020〕34 号)
114	《内蒙古气象局观测与网络处关于内蒙古地面气象观测质量考核办法(2016 年修订版)补充规定的通知》(内气测函〔2017〕6 号)
115	《内蒙古气象局观测与网络处关于农业气象测报业务系统软件业务运行的通知》(气测函〔2012〕52 号)
116	《内蒙古气象局观测与网络处关于调整自动土壤水分观测站田间标定与业务化检验工作的通知》(内气测函〔2017〕28 号)
117	《内蒙古气象局观测与网络处关于下发 2017 年全区气象资料传输时效考核办法的通知》(内气测函〔2017〕25 号)
118	《内蒙古气象局观测与网络处关于下发地面气象观测质量考核办法(2016 年修订版)的通知》(内气测函〔2016〕14 号)
119	《内蒙古气象局观测与网络处关于下发内蒙古自治区地面自动气象观测站运行管理办法(试行)的通知》(内气测函〔2020〕23 号)
120	《内蒙古气象局观测与网络处关于下发全区生态气象观测站网布局及观测数据文件上传时效调整内容的通知》
121	《内蒙古自治区标准化提升行动计划(2018—2020 年)》(内市监发〔2018〕3 号)
122	《内蒙古自治区大气探测技术保障中心业务工作手册》
123	《内蒙古自治区地面自动气象观测站运行管理办法(试行)》(内气测函〔2020〕23 号)
124	《内蒙古自治区地面自动气象站实时观测资料质量评估办法(试行)》》(内气测函〔2014〕35 号)

续表

序号	文件名/对应文号
125	《内蒙古自治区观测与网络处关于农业气象测报软件升级业务运行的通知》(内气测函〔2017〕73 号)
126	《内蒙古自治区级自动气象观测站运行保障管理办法(试行)》(内气测函〔2020〕23 号)
127	《内蒙古自治区级自动气象站运行保障管理办法(试行)》
128	《内蒙古自治区气象部门国有资产使用和处置管理两个暂行办法》(内气发〔2010〕89 号)
129	《内蒙古自治区气象局关于国家各类气象台站位置及其探测环境保护范围的公告》(内气发〔2016〕65 号)
130	《内蒙古自治区气象局关于宣传贯彻四项强标做好气象探测环境保护有关工作的通知》(内气函〔2015〕154 号)
131	《内蒙古自治区气象局关于印发国家级地面气象观测站迁移管理暂行规定的通知》(内气发〔2013〕74 号)
132	《内蒙古自治区气象局关于印发实施气象观测站分类及命名规则工作方案的通知》(内气函〔2018〕271 号)
133	《内蒙古自治区气象局观测与网络处关于进一步规范气象观测业务质量综合考核特殊情况报送工作的通知》
134	《内蒙古自治区气象局观测与网络处关于进一步做好气象观测设备现场核查工作的通知》(内气测函〔2016〕22 号)
135	《内蒙古自治区气象局观测与网络处关于开展农业气象人工观测标准格式数据业务化工作的通知》(内气测函〔2020〕44 号)
136	《内蒙古自治区气象局观测与网络处关于调整部分农业气象测报任务的通知》(内气测函〔2013〕47 号)
137	《内蒙古自治区气象局观测与网络处关于调整高空气象观测系统汛前巡检有关工作的通知》(内气测函〔2019〕19 号)
138	《内蒙古自治区气象局观测与网络处关于停止报送纸质农业气象观测记录年报表的通知》(内气测函〔2013〕56 号)
139	《内蒙古自治区气象局观测与网络处关于下达 2019 年综合气象观测业务质量考核任务的函》(内气测函〔2019〕8 号)
140	《内蒙古自治区气象局观测与网络处关于下发地面自动化观测业务运行暂行规定的通知》(内气测函〔2020〕35 号)
141	《内蒙古自治区气象局观测与网络处关于印发〈内蒙古自治区气象技术装备保障业务工作实施细则(试行)〉的通知》(内气测函〔2013〕66 号)
142	《内蒙古自治区气象局观测与网络处关于印发〈全区气象部门探空仪气象气球质量管理实施细则(试行)〉等规章制度的通知》(内气测函〔2018〕1 号)
143	《内蒙古自治区气象局观测与网络处关于印发气象观测业务质量综合考核特殊情况处置办法实施细则的通知》(内气测函〔2018〕20 号)
144	《内蒙古自治区气象局观测与网络处关于印发综合气象观测业务规章制度的通知》(内气测函〔2013〕50 号)
145	《内蒙古自治区气象局观测与网络处关于组织做好新一代天气雷达 PUP 产品新版传输软件业务运行的通知》(内气测函〔2017〕31 号)
146	《内蒙古自治区气象局观测与网络处关于做好全区区域自动气象站现场核查工作的通知》(内气测函〔2015〕12 号)
147	《内蒙古自治区气象局科研项目管理办法》(内气发〔2019〕92 号)
148	《内蒙古自治区气象局气象干部培训学院培训管理制度汇编》
149	《内蒙古自治区气象局气象观测质量管理体系建设方案》(内气办发〔2019〕37 号)

续表

序号	文件名/对应文号
150	《内蒙古自治区气象局山洪地质灾害防治气象保障工程项目管理实施细则(试行)》(内气发〔2018〕96 号)
151	《内蒙古自治区气象局推进标准化工作三年行动计划(2018—2020 年)》(内气发〔2017〕105 号)
152	《内蒙古自治区气象局业务信息系统(项目)建设及运行管理规定(试行)》(内气测函〔2017〕103 号)
153	《内蒙古自治区气象信息中心 MDOS 业务管理规定》
154	《农业气象观测规范》
155	《农业气象观测记录年报数据文件格式》(2015 年 QX/T 21—2015)
156	《农业气象观测质量考核办法(试行)》(中气候发〔1997〕25 号)
157	《气溶胶质量浓度观测数据文件传输要求》(内气测函〔2012〕75 号)
158	《气溶胶质量浓度观测系统建设指南》(气测函〔2012〕43 号)
159	《气象标准制修订管理细则(修订版)》(气办发〔2016〕10 号)
160	《气象部门国有资产使用管理暂行办法》
161	《气象部门合同管理办法》(气发〔2016〕69 号)
162	《气象部门基本建设管理办法》(气发〔2012〕23 号)
163	《气象部门软件使用办法(试行)》(气预函〔2013〕120 号)
164	《气象部门项目论证工作细则》(气办发〔2013〕56 号)
165	《气象部门政府采购管理实施办法》(气发〔2018〕19 号)
166	《气象辐射资料实时统计处理业务规定》
167	《气象观测设备维修业务管理办法(试行)》(气测函〔2014〕160 号)
168	《气象观测业务事故分级和认定管理办法(试行)》(气发〔2015〕97 号)
169	《气象观测业务事故分级和认定管理办法》(气发〔2015〕97 号)
170	《气象观测业务应急保障预案》
171	《气象观测业务运行准入和退出管理办法》(气测函〔2017〕188 号)
172	《气象观测业务质量综合考核特殊情况处置办法》(气测函〔2018〕11 号)
173	《气象观测站分类及命名规则》(气发〔2018〕35 号)
174	《气象观测装备维修业务管理办法(试行)》(气测函〔2014〕160 号)
175	《气象记录档案管理规定》(气发〔2001〕130 号)
176	《气象设施和气象探测环境保护条例》(中华人民共和国国务院令 第 623 号)
177	《气象数据存储管理办法(试行)》(气发〔2013〕73 号)
178	《气象数据统一服务接口(MUSIC)用户手册》
179	《气象探测环境保护规范 地面气象观测站》(GB 31221—2014)
180	《气象探测环境保护规范 高空气象观测站》(GB 31222—2014)
181	《气象探测环境保护规范 天气雷达站》(GB 31223—2014)
182	《气象探测环境保护规范 地面气象观测站(GB 31221—2014)》
183	《气象探测环境保护规范 高空气象观测站(GB 31222—2014)》
184	《气象探测环境保护规范 天气雷达站(GB 31223—2014)》
185	《气象小型建设项目可行性研究报告编制格式》(气计函〔2014〕23 号)

续表

序号	文件名/对应文号
186	《气象装备技术保障手册—自动气象站》(气测函〔2011〕100 号)
187	《气象资料共享管理办法》(中国气象局第 4 号令)
188	《气象资料业务系统(MDOS)数据处理技术规程》
189	《前向散射能见度仪观测规范(试行)》(气测函〔2011〕194 号)
190	《区域自动气象站维护规范(试行)》
191	《区域自动气象站现场核查方法(试行)》(气测函〔2014〕108 号)
192	《全国地面自动站实时观测资料质量评估办法》(气预函〔2014〕23 号)
193	《全球导航卫星系统大气探测基准站网建设指南》
194	《全球定位系统气象观测(GPS/MET)站观测规范(试行)》(气测函〔2010〕350 号)
195	《全球定位系统气象观测(GPS/MET)站联合建站标准(试行)》(气测函〔2010〕351 号)
196	《全区高空气象观测业务质量考核实施细则(试行)》(内气测函〔2018〕1 号)
197	《全区加密高空气象探测管理办法(试行)》(内气发〔2009〕111 号)
198	《全区加密高空气象探测管理办法》
199	《全区气象部门目标管理考核实施方案》(内气发〔2019〕3 号)
200	《全区气象部门目标管理任务与评分标准》(内气发〔2019〕3 号)
201	《山洪地质灾害防治气象保障工程管理办法》(气发〔2013〕99 号)
202	《涉外提供和使用气象资料审查管理规定》
203	《省级气象观测装备维修业务分级指导意见》(气测函〔2017〕182 号)
204	《省级资料互备应急方案》
205	《数据采集控制程序》
206	《酸雨观测规范》(GB/T 19117—2017)
207	《酸雨观测业务规范》
208	《酸雨观测业务规章制度(试行)》(气测函〔2006〕278 号)
209	《酸雨观测业务质量规章制度》(气测函〔2006〕278 号)
210	《探测环境保护控制程序》
211	《探空系统建设指南(试行)》(气测函〔2014〕54 号)
212	《天气雷达定标业务规范》(气测函〔2016〕80 号)
213	《调整国家级地面气象观测站和区域气象观测站数据传输频次》(气测函〔2017〕2 号)
214	《土壤水分观测 频域反射法》(GB/T 33705—2017)
215	《无锡中心站运维手册》
216	《系统管理科故障报告》
217	《新建扩建改建建设工程避免危害气象探测环境行政许可管理办法》(中国气象局令 第 29 号)
218	《新型自动气象(气候)站功能需求书》(气测函〔2015〕125 号)
219	《新型自动气象站安装布局和相关业务规定》(气测函〔2012〕264 号)
220	《新型自动气象站维护规范(试行)》
221	《新型自动气象站维修规范》(气测函〔2015〕165 号)

续表

序号	文件名/对应文号
222	《新型自动站使用手册》
223	《新一代天气雷达(CINRAD_CA)维修手册》
224	《新一代天气雷达大修及技术升级规范》(气测函〔2010〕184 号)
225	《新一代天气雷达工程建设管理办法》(气测函〔2007〕230 号)
226	《新一代天气雷达观测规定(第二版)》(气测函〔2018〕171 号)
227	《新一代天气雷达基础运行环境建设规范》(气测函〔2018〕172 号)
228	《新一代天气雷达系统功能规格需求书》(气办发〔2010〕43 号)
229	《新一代天气雷达系统现场验收测试大纲》(气测函〔2018〕70 号)
230	《新一代天气雷达系统业务验收规定》(气测函〔2005〕80 号)
231	《新一代天气雷达信息共享平台_业务应用故障排查手册(通用版)v1.0》
232	《新一代天气雷达选址规定(QX/T 100—2009)》
233	《新一代天气雷达业务管理和运行保障职责》(气发〔2005〕233 号)
234	《新一代天气雷达业务质量考核办法(试行)》(气测函〔2011〕202 号)
235	《新增国家地面天气站建设及升级改造技术要求(2017 年版)》(气测函〔2017〕134 号)
236	《新增资料接入操作指南 1.0》
237	《雪深自动观测规范》(QX/T 434—2018)
238	《汛期前 CTS 系统应急演练方案》
239	《移动气象台建设规范》(QX/T 83—2007)
240	《预报司 观测司关于开展地面 高空 辐射 酸雨气象数据格式标准化业务切换的通知》(气预函〔2018〕64 号)
241	《运行监控应急预案》
242	《中国气象局农业气象测报业务质量检查办法》(内气业发〔2001〕57 号)
243	《中国气象局气象观测质量管理体系总体框架》(气发〔2019〕10 号)
244	《中国气象局质量管理体系考核方案》
245	《中国气象局综合观测司关于印发气象专用技术装备使用年限标准的通知》(气测函〔2017〕44 号)
246	《中国气象局综合观测司关于印发新一代天气雷达观测和维护记录表薄的通知》(气测函〔2011〕224 号)
247	《中国气象局综合观测司关于印发新一代天气雷达业务质量考核办法(试行)的通知》(气测函〔2011〕202 号)
248	《中华人民共和国气象法》
249	《中华人民共和国标准化法》(中华人民共和国主席令第 78 号 2017 年修订)
250	《中华人民共和国合同法》(中华人民共和国主席令第 15 号)
251	《中华人民共和国气象法》(2016 年版)
252	《转发中国气象局关于颁发执行农业气象观测规范的通知》(内气业〔1994〕019 号)
253	《自动放球系统建设指南(试行)》(气测函〔2015〕133 号)
254	《自动气象站保障暂行规定》(气测函〔2012〕185 号)
255	《自动气象站现场校准规范(征求意见稿)》
256	《自动土壤水分观测规范》(气测函〔2010〕170 号)
257	《自动土壤水分观测业务质量考核办法(试行)》(气测函〔2010〕324 号)

续表

序号	文件名/对应文号
258	《自动土壤水分观测仪功能规格需求书》(气测函〔2008〕116 号)
259	《自动土壤水分观测有关技术问题解答》(便函)
260	《综合观测司关于印发〈高空气象观测业务使用氢气相关文件修订合编〉的通知》(气测函〔2017〕21 号)
261	《综合观测司关于印发高空气象观测业务使用氢气相关文件修订合编的通知》(气测函〔2017〕21 号)
262	《综合观测司关于印发气象观测业务质量综合考核特殊情况处置办法的通知》(气测函〔2018〕11 号)
263	《综合观测司关于印发省级气象观测装备维修业务分级指导意见的通知》(气测函〔2017〕182 号)
264	《综合集成硬件控制器说明书》
265	《综合考核特殊情况处置办法》(气测函〔2018〕11 号)
266	《综合气象观测系统气象观测装备运行监控业务运行规定(试行)》(气测函〔2015〕166 号)
267	《综合气象观测系统气象装备运行监控业务运行规定(试行)》(气测函〔2015〕166 号)
268	《综合气象观测系统仪器装备运行状况通报办法》(气测函〔2015〕73 号)
269	《综合气象观测系统运行监控业务职责流程(试行)》(气测函〔2010〕23 号)
270	《综合气象观测系统运行监控业务职责流程实施细则(试行)》(内气测函〔2010〕94 号)
271	《综合气象观测业务发展规划》
272	《GRIMM180 测量 PM_{10}、$PM_{2.5}$和 $PM_{1.0}$的方法》(QX/T 173—2012)
273	《观测司关于印发〈新建扩建改建建设工程避免危害气象探测环境行政许可管理办法〉和〈气象台站迁建行政许可管理办法〉的服务指南和工作细则的通知》(气测函〔2016〕132 号)
274	《观测司关于重新印发〈国家级地面气象观测站和高空气象观测站探测环境调查评估方法〉的通知》(气测函〔2013〕258 号)
275	《程序文件》(内蒙古自治区气象计量站)
276	《计量标准操作作业指导书》(内蒙古自治区气象计量站)
277	《质量手册》(内蒙古自治区气象计量站)
278	《气溶胶 PM_{10}、$PM_{2.5}$质量浓度观测规范贝塔射线法》(QX/T 476—2019)